AF262035

OBSERVATIONS

SUR LES CACHETS

DES MÉDECINS OCULISTES ANCIENS

A PROPOS

DE CINQ PIERRES SIGILLAIRES INÉDITES

Par M. Adolphe **DUCHALAIS**

* * *

PARIS

IMPRIMERIE D'E. DUVERGER

RUE DE VERNEUIL, Nº 4

1846

(Extrait du dix-huitième volume des Mémoires de la Société
royale des Antiquaires de France.)

OBSERVATIONS

SUR LES

CACHETS DES MÉDECINS OCULISTES ANCIENS

A PROPOS

DE CINQ PIERRES SIGILLAIRES INÉDITES.

Lorsque nous avons entrepris ce mémoire, notre intention était seulement d'expliquer cinq pierres sigillaires inédites. Dans ce but, nous avons dû nécessairement consulter les auteurs qui avaient écrit sur la même matière. Trouvant leurs livres généralement bons, mais incomplets sous certains rapports, nous avons voulu y suppléer, en tâchant d'approfondir davantage les points qu'ils avaient le plus négligés; c'est de cette manière que nous avons été amené à composer le chapitre préliminaire intitulé : *Des pierres sigillaires en général*. Toutefois, nous ne saurions trop le répéter, en écrivant ces *Observations*, nous n'avons point eu la prétention de faire un traité

complet sur la matière, mais simplement un recueil de petites dissertations sur quelques points
contestés ou obscurs. Tout à fait étranger aux
sciences médicales, nous ne nous sommes proposé que de donner des textes exacts et des explications ressortant de la spécialité de nos études;
on voudra donc bien nous excuser si parfois il
nous est arrivé de pécher contre les préceptes
d'Hippocrate.

Ce mémoire sera divisé en trois chapitres; nous
venons de donner le titre du premier; le second
sera consacré à l'examen des cinq nouveaux cachets d'oculistes que nous publions; enfin le troisième contiendra la transcription de toutes les
inscriptions du même genre, qui ne se trouvent
point dans le livre de Tòchon [1], devenu pour
ainsi dire classique sur cette matière; ces inscriptions étant dispersées dans une foule de re-
cueils qu'il est difficile de se procurer, nous avons
cru bien faire de les réunir toutes, et de former
ainsi une sorte de supplément à cet ouvrage,
sur le plan duquel notre dissertation a été conçue.

(1) *Dissertation sur l'inscription grecque* IACONOC
AYKION, *et les pierres antiques qui servaient de cachets
aux médecins oculistes.* Paris, 1816, in-4° de 72 pages et 3 pl.

CHAPITRE PREMIER.

OBSERVATIONS GÉNÉRALES SUR LES PIERRES SIGILLAIRES.

§ I. Des pierres sigillaires en général.

Les pierres sigillaires sont, comme on sait, de petites tablettes de forme carrée ou quadrilatérale, épaisses de quelques centimètres, et sur les tranches desquelles se voient des lettres gravées à rebours. Toutes celles qui ont été retrouvées jusqu'ici ont été taillées dans une sorte de stéatite dont la couleur est verdâtre ou tirant sur le brun. Ces monuments varient quant à l'épaisseur, la longueur ou la largeur.

Les lettres des tranches sont rangées quelquefois sur une ligne [1], plus ordinairement sur deux; on ne connaît qu'une seule pierre où elles soient rangées sur trois lignes [2]. Généralement ces lignes remplissent les quatre tranches des tablettes; cependant il arrive aussi quelquefois qu'une ou

(1) *Voyez* la première pierre de Nîmes, *Lapis nemausensis I*, Tôchon, p. 67, n° 17.

(2) La seconde pierre de Paris, *Lapis parisiensis II*, du même ouvrage, p. 65.

deux de ces tranches sont restées vides et n'ont reçu aucune atteinte du burin [1].

La surface plane de ces tablettes est généralement lisse ; si l'on y observe quelques lettres ou quelques figures, ces lettres ou ces figures, au lieu d'être gravées à rebours, comme celles des tranches, sont au contraire placées dans le sens ordinaire, de gauche à droite. Les premières étaient donc faites pour être imprimées sur une matière molle, pour former des empreintes ; les autres, au contraire, pour être lues, pour servir au possesseur du cachet ; car les pierres sigillaires ne sont autre chose que des cachets.

Tous les cachets de ce genre qui ont été lus et publiés portent soit un nom de remède seul [2], soit le nom d'un remède et l'énumération de ses qualités [3], soit en outre un nom propre, celui du médecin qui avait composé le remède ; cette dernière formule est la plus ordinaire. Comme presque tous ces remèdes sont des collyres, on en a conclu que les pierres sigillaires servaient exclusivement aux médecins oculistes, et on les désigne également sous le nom de *cachets des oculistes.*

---

(1) *Lapis parisiensis I*, Tôchon, p. 64.

(2) Tôchon, *Lapis nemausensis*, p. 67.

(3) *Voyez*, entre autres, la pierre que nous publions sous le titre de *Lapis parisiensis III.*

§ II. Des auteurs qui ont traité des pierres sigillaires.

Depuis la fin du xviie siècle jusqu'à nos jours, on a beaucoup écrit sur les pierres sigillaires; on peut même compter jusqu'à vingt-sept antiquaires qui se sont exercés sur ce sujet [1]. Parmi ces savants, les uns se sont contentés de décrire les cachets qui leur étaient tombés entre les mains; les autres, au contraire, se sont appliqués à réunir tous ceux que l'on connaissait de leur temps. Entre ces derniers, nous ne citerons que Tôchon d'Annecy, dont le livre, publié en 1816, est nécessairement plus complet que ceux de ses prédécesseurs : trente cachets d'oculiste y sont expliqués. Depuis que cet ouvrage a paru, Grivaud de la Vincelle a publié deux nouveaux cachets [2]; M. Bottin, un [3]; M. Rever, trois [4]; M. Éloi Johan-

(1) Spon, Bauhin, Lebeuf, Caylus, Falconnet, Walchius, Saxius, Cuper, Smetius, Chishull, Maffei, Muratori, Gori, Dunod, Berold, Dulaure, Grivaud de la Vincelle, Tôchon d'Annecy, Rever, MM. Denis (de Commercy), Bottin, Pluquet, Eloi Johanneau, Beaudot (l'aîné, de Dijon), Lenz, Fevret de Saint-Mesmin, Richard Gough.

(2) *Recueil de monuments antiques la plupart inédits et découverts dans l'ancienne Gaule.* Paris, 1817, tome I, p. 279 à 289.

(3) *Mémoires de la Société des antiquaires de France*, t. II, p. 449 et 463.

(4) *Supplément au mémoire sur les antiquités de Lillebonne.* Évreux, 1821.

neau, deux; il a en outre commenté de nouveau celles que M. Rever avait fait connaître[1]. M. Fevret de Saint-Mesmin en a donné deux nouvelles[2]; et dans ses notes, il en a copié deux autres qui, bien qu'expliquées, en 1809, par MM. Baudot[3] et Lenz[4], étaient, pour ainsi dire, passées inaperçues ainsi que trois autres éditées par M. Gough, dont personne en France n'a encore fait usage. On comptait donc jusqu'ici quarante-cinq cachets de médecins oculistes; maintenant, nous pouvons en énumérer jusqu'à cinquante, en y comprenant les cinq que nous allons faire connaître[5].

§ III. Des pays où les pierres sigillaires se trouvent le plus fréquemment.

Si l'on en croit Tôchon (p. 15), ce genre de monument serait particulier à la Gaule, à la Ger-

(1) *Mélanges d'archéologie* publiés par M. Bottin (1825), p. 109 à 118.

(2) *Mémoire de la commission des antiquaires du département de la Côte-d'Or*, t. Ier, p. 388.

(3) *Magasin encyclopédique*, année 1809, t. II, p. 105.

(4) *Magasin encyclopédique*, année 1809, t. Ier, p. 102.

(5) Nous recommandons surtout à l'attention de nos lecteurs les ouvrages de MM. Rever et de Saint-Mesmin; le premier a réuni une foule d'observations curieuses; le second ne s'est pas contenté de les analyser, il y a ajouté une histoire intéressante des efforts tentés jusqu'ici pour l'explication de ces monuments.

manie, à la Grande-Bretagne; et les médecins oculistes dont les noms y sont gravés auraient été attachés à la suite des armées romaines.

Sur le premier point, nous n'osons pas affirmer que Tôchon ait tout à fait tort, puisque les deux localités les plus méridionales où l'on ait encore trouvé des pierres sigillaires sont Vérone et Sienne. La seconde de ces villes est, il est vrai, située en Étrurie, mais pourtant à une distance assez peu éloignée des limites de la Gaule cisalpine; et la première se trouve comprise dans cette province. Il n'y aurait, d'ailleurs, rien d'extraordinaire qu'un monument de ce genre ait été égaré sur le sol de l'ancienne Toscane.

§ IV. Que les remèdes indiqués par les pierres sigillaires n'étaient pas spécialement réservés aux soldats romains.

Quant à la seconde conjecture, nous ne saurions l'accepter. En effet, la seule raison sur laquelle Tôchon puisse s'appuyer, c'est que sur la première pierre de Nimègues on voit figurer un collyre nommé *stratioticum* (M. VLPI. HERACLETIS. STRATIOTICUM), collyre que Marcellus Empiricus désigne comme étant propre à guérir les *caligines et cicatrices ex itinere et pulvere collectas*[1]. On conçoit, en effet, que les soldats étant plus exposés qu'aucune autre classe de personnes

(1) *Voyez* Tôchon, p. 15.

aux maux d'yeux causés par la poussière et les
longues marches, on ait donné leur nom au collyre destiné à guérir ces maux ; mais cela ne prouve
pas qu'eux seuls se servaient de ce collyre, et à
plus forte raison on n'en peut rien conclure pour
les spécifiques mentionnés sur les autres pierres
sigillaires. Nous ferons d'abord observer que si les
oculistes, dont les cachets sont parvenus jusqu'à
nous, avaient été attachés aux armées, l'organisa-
tion militaire de l'empire étant partout la même,
on devrait retrouver de ces cachets partout, et en
beaucoup plus grand nombre dans les provinces
d'Orient, où les ophthalmies ont été de tout
temps beaucoup plus communes qu'en Europe.
Voyez d'ailleurs l'ouvrage de M. Rever (p. 16,
paragr. 36), qui le premier a attaqué l'erreur de
Tòchon.

§ V. Que les noms propres gravés sur les pierres sigillaires
    sont ceux de médecins célèbres dans l'antiquité, et non
    ceux des possesseurs de ces cachets.

Selon le même auteur, le nom propre qui précède d'ordinaire l'énonciation du collyre appar-
tiendrait non à l'inventeur de ce remède, mais à
celui qui le débitait. Cette opinion, partagée jusqu'ici par tous ceux qui ont écrit sur les pierres
sigillaires, ne peut cependant soutenir le moindre
examen ; et nous nous étonnons même d'être le
premier à la réfuter. Interrogeons les monuments,

ils nous répondront eux-mêmes. Sur la pierre de Gênes on lit le nom de c. cap. sabiniani[1]; et sur la première de Besançon, celui de c. stat. sabiniani[2]; sur celle d'Iéna paraît un phronimvs[3]; et l'on voit à Carbec un t. l. fronimvs[4]. Il serait bien singulier, on en conviendra, que Sabinianus eût successivement débité des médicaments à Besançon et à Gênes, et que la même particularité se présentât à propos de Phronimus; car nous ne pensons pas qu'on veuille voir dans le *Sabinianus* de Gênes un personnage différent du *Sabinianus* de Besançon, et dans le *Phronimus* d'Iéna un autre individu que le *Fronimus* de Vieux.

Il est vrai que le nom de *Sabinianus* est précédé des sigles c. cap. sur la pierre de Gênes et des sigles c. stat. sur celle de Besançon : c. stat. sabiniani; mais nous le démontrerons plus tard, toutes les pierres sigillaires ont été gravées à la même époque. Or, s'il n'est pas absolument impossible qu'il ait existé en même temps deux hommes exerçant le même état, portant le même *agnomen* et le même *cognomen*, mais avec un *nomen* différent, nous le demanderons, un hasard si singulier paraîtra-t-il bien probable? Ne connaissant les pierres de Gênes et de Besan-

(1) Tôchon, p. 61, pierre n° 3.
(2) *Id.*, p. 63, pierre n° 9.
(3) *Id.*, p. 66, pierre n° 15.
(4) Rever, *Appendice aux Antiquités de Lillebonne*, p. 45.

çon que d'après les auteurs qui en ont parlé [1], et dans l'impossibilité où nous nous trouvons de vérifier les leçons qu'ils en donnent, n'est-il pas tout simple de croire qu'une de ces pierres a été mal déchiffrée? Cette opinion admise, comme la pierre de Besançon ne porte qu'une seule inscription, et que celle de Gênes, au contraire, en offre quatre bien complètes, il faut, selon nous, regarder les lettres STAT comme fautives, et croire que ces deux cachets désignent un seul et même personnage, *C. Cap. Sabinianus.*

Que *Phronimus* et *T. Lollius Fronimus* soient un seul et même homme, cela est de toute évidence et a déjà été reconnu par MM. Rever et Éloi Johanneau [2]. La substitution de l'F au PH est si fréquente dans les inscriptions, qu'il est inutile d'en donner des exemples. Quant à l'énonciation de l'*agnomen* et du *nomen* sur la pierre de Vieux, et à leur absence sur celle d'Iéna, cette circonstance ne vient rien infirmer; car sur cinq pierres trouvées à Naix on voit paraître un individu nommé Q. IVN. TAVRVS [3], et sur une sixième provenant de la même localité, le même personnage n'est plus appelé que IVN. TAVRVS [4].

(1) Spon, Caylus, Saxius, Walchius, Dunod, Muratori.

(2) Rever, passage déjà cité. — M. Eloi Johanneau, *Mélanges d'archéologie*, p. 114.

(3) Tôchon, p. 69, pierres n°s 23, 24, 25, 26 et 27.

(4) *Id.*, p. 71, pierre n° 28.

Il y a plus, le cachet de Mandeure nous montre un oculiste nommé sur une tranche, c.svlp. hypnvs, et sur trois autres, hypnvs simplement [1]. Il fallait donc que les hommes dont les noms se trouvent en tête de ces inscriptions ne fussent ni d'obscurs médecins ni d'obscurs pharmaciens, puisqu'il suffisait de les faire reconnaître sans préciser exactement qui ils étaient. Cet argument n'est pas un des moindres de ceux que nous appellerons à l'appui de notre raisonnement.

Sur la pierre de Bavai, on voit paraître d eux noms : c. ivl. florvs et l. sil. barbarvs [2]. Il en est de même sur la cinquième pierre de Naix, q. ivni. tavrvs et l. cl. martinvs [3]; sur celle de Brumath : gai. caec. nobi et catavdvs [4]; sur la pierre de Gotha, t. cl. apollinaris et q. carmin. qvintian [5]; et enfin, sur celle de Cessi-sur-Tille : c. cl. primi et c.ivl. libyci [6]. On a prétendu que *Cataudus, L. Cl. Martinus* et *L. Sil. Barbarus* avaient succédé à *Gaius Cæcilius Nobilis,* à *Q. Junius Taurus* et à *C. Julius Florus,* ou *vice versâ;* qu'ils avaient continué à débiter, sous les noms de leurs prédécesseurs, les médicaments

(1) Tôchon, p. 63, pierre n° 8.

(2) *Id.,* p. 72, pierre n° 30. — *Mémoires de la Société des antiquaires,* t. II, p. 450.

(3) Tôchon, p. 70, pierre n° 27.

(4) Eloi Johanneau, ouvr. cité.

(5) *Magasin encyclopédique,* année 1809, t. Ier, p. 102.

(6) M. de Saint-Mesmin, ouvrage cité.

composés par ceux-ci et jouissant de quelque ré-
putation ; enfin qu'ayant hérité, outre leurs clien-
tèles, du matériel de la pharmacie, et entre autres
choses de leurs cachets, ils avaient utilisé les tranches restées vides en y faisant graver leurs noms
et celui des remèdes nouveaux qu'ils avaient composés et qu'ils vendaient. Du temps de Tôchon et
de Grivaud de la Vincelle, la cinquième pierre de
Naix était la seule pierre portant deux noms que
l'on connût (il semble en effet que celle de Bavai
ne leur soit parvenue qu'après coup). Une telle
supposition était donc possible alors ; mais la découverte des cachets de Brumath, de Gotha et de
Cessi-sur-Tille est venue changer entièrement les
idées qu'on pouvait se faire à cette époque ; car il
faudrait admettre encore un bien singulier hasard
pour supposer que, dans cinq endroits si éloignés
les uns des autres, la même idée se fût présentée
à l'esprit d'individus différents.

Dans l'antiquité, et cela se fait encore aujour-
d'hui, on donnait quelquefois à un remède le nom
de celui qui l'avait inventé. Cet usage est attesté
par tous les écrivains qui ont traité de matière médicale ; on n'a, pour en trouver des exemples,
qu'à ouvrir presque au hasard les œuvres des prin-
cipaux médecins. Prenons celles de Galien, par
exemple ; nous y trouverons indiqués les médicaments suivants : *Charitonis antidotus ad pha-
langiorum morsus* [1] *, Flaviani catapotium ad*

(1) Galien, éd. de Küne, t. XIV, p. 180.

phthisim[1], *Alexandri partelli ad capitis dolorem*[2], *Sergii monohemerum*[3], *Heraclidis melinum*[4], *Tryphonis authemerum*[5] ; et puis l'auteur entre dans les détails nécessaires pour expliquer la manière dont ces divers remèdes devaient être préparés. Il n'y a donc pas de doute possible; les anciens avaient leur antidote de Chariton, leur catapotium de Flavien, leur partelli d'Alexandre, de même que nous avons notre médecine Leroi, notre vin de Seiguin, notre pâte de Regnauld ; seulement comme ces remèdes n'avaient pas besoin d'une approbation spéciale pour être débités, et que la propriété n'en était pas réservée aux premiers auteurs de la découverte, ainsi que cela se pratique de nos jours, chacun pouvait préparer des partelli, des catapotium, des antidotes suivant la formule d'Alexandre, de Flavien, de Chariton et de qui bon lui semblait. Cela posé, il sera tout simple de donner aux noms placés sur nos pierres le sens que nous indique Galien. Le cachet de Cessinous fournira un nouvel argument, puisqu'on y lit C. CL. PRIMI TERENTIANV. Ce que nous expliquerons par *remède de Térence perfectionné par Caius Claud. Primus.*

(1) Galien, éd. de Küne, t. XIII, p. 72.
(2) Id., t. XII, p. 580.
(3) Id., t. XII, p. 791.
(4) Id., t. XII, p. 72.
(5) Id., t. XIII, p. 251.

Il y a plus; c'est qu'il eût été fort difficile aux pharmaciens et aux oculistes romains de préciser d'une manière à la fois plus brève et plus claire les remèdes qu'ils employaient; car sous le même nom on comprenait souvent toute une classe de médicaments, ayant la même base sans doute, mais préparés d'une façon différente, puisqu'on les employait dans des cas divers. Ainsi Galien décrit trois sortes d'authemeron [1], et ne dit point que dans leur composition on se servît de blancs d'œufs. Pourtant l'authemeron de Lucius Cæmus Paternus est appelé *authemeron lene ex ovo.* L'examen des pierres que nous allons publier fournira d'ailleurs plus d'un exemple analogue. Un tel procédé évitait l'énumération des propriétés du médicament; puis, lorsque le médicament était vulgaire, on se contentait de mettre son nom seul, ou son nom et ses qualités, comme sur la première pierre de Nîmes [2] ou sur la seconde pierre de Paris [3]. Disons-le donc maintenant sans crainte, les noms qui se lisent sur les cachets des oculistes sont des noms de médecins célèbres; ces cachets ne leur appartenaient point et servaient seulement à indiquer qu'un remède était composé suivant leur formule. Si l'invasion des barbares dans l'empire et les convulsions incessantes qui

(1) Galien, éd. de Küne, t. XIV, p. 180.
(2) Grivaud de la Vincelle, passage cité.
(3) Tóchon, p. 67, pierre n° 17.

bouleversèrent le monde pendant le moyen-âge
nous ont fait perdre une bonne partie des chefs-
d'œuvre littéraires que vit naître l'antiquité, les
sciences médicales n'ont pas été les mieux trai-
tées, et les œuvres d'une foule de médecins ne
nous sont connues que par les citations des auteurs qui, plus heureux, nous sont parvenus. Ne
nous étonnons donc pas si la plupart de ces oculistes sont des gens totalement inconnus à la
science. Qui ne sait d'ailleurs que le nom d'un chef
d'école, de Modius Asiaticus, chef des *Méthodistes*,
ne nous a été révélé que par un pur hasard, parce
que son buste, l'un des plus beaux ornements du
cabinet du roi, a été déterré dans les environs de
Smyrne au commencement du siècle dernier?

Ainsi, en admettant qu'aucun des noms placés
sur les pierres sigillaires ne fût cité par les auteurs, ce ne serait pas encore une preuve que
notre système fût fautif; car les raisons que nous
avons exposées plus haut nous paraissent assez
convaincantes pour que, malgré cela, il puisse
toujours subsister. Mais heureusement il n'en est
peut-être pas ainsi. Parmi les médecins qui ont
donné leurs noms aux remèdes et qui sont cités
par Galien, on trouve, on l'a vu tout à l'heure,
Chariton, Flavien et Alexandre. Or, sur la pierre
de Dijon nous voyons paraître un M. IVL. CHARI-
TON (1); sur la première pierre de Paris, un DECMVS

____

(1) Tôchon, p. 62, pierre n° 5.

(*Decimus*) FLAVIANVS [1]; sur celle de Maestricht, un C. LVCCI*us* ALEXANDER [2]. Galien cite un Dionysiodore [3]; et sur la pierre de Vérone nous voyons figurer un C. IVL. DIONYSIODOR*us* [4]. Enfin, trois des cinq cachets que nous allons faire connaître donnent des noms de médecins qui se trouvent indiqués par des auteurs anciens, Philumenus [5], Paulinus [6], Heliodorus [7]. Peu familiarisé que nous sommes avec l'histoire médicale, il nous serait fort difficile d'établir l'identité des personnages cités par les textes et par les pierres sigillaires. Aussi nous garderons-nous de l'entreprendre; mais nous ne craindrons pas non plus d'avancer qu'il serait fort singulier que quelques-uns des oculistes de nos cachets au moins, sinon tous, ne fussent pas les mêmes que les médecins dont parlent les auteurs.

(1) Id., p. 64, pierre n° 12.

(2) Id., p. 67, pierre n° 19.

(3) Galien, éd. de Küne, t. XIII, p. 72.

(4) Tóchon, p. 64, pierre n° 10.

(5) *Voy.* la description de la pierre de Thouri, plus bas, p. 182.

(6) *Voy.* la description de la 3e pierre de Paris, plus bas, p. 195.

(7) *Voy.* la description de la 4e pierre de Paris, plus bas, p. 201. — Galien cite un collyre nommé *Melinum Heraclidis*, Ἡρακλείδου μήλινον. Sur la 2e pierre de Nimègues, nous lisons MARCI-VLPI HERACLETIS MELINVM. On serait tenté de croire qu'*Heracletis* est le génitif d'*Heracletes*, et que cet *Heracletes* est le même que l'*Heraclides* cité par Galien.

Un mot encore. — Sur le plat de la pierre de Famars, qui porte le nom de *Tiberius Claudius Messor*, on remarque les lettres TI tout près d'une des
légendes. M. Bottin, en publiant ce cachet, a fait
remarquer avec raison que ces lettres, comme toutes celles du même genre, étaient des points de repère qui devaient indiquer l'étiquette dont on
avait besoin [1]. Cela est évident par soi-même, et
en outre prouvé par la deuxième pierre de Lyon,
où les noms des médicaments gravés sur la tranche sont indiqués au-dessus par leurs initiales
(ST *stactum*, CR *crocodes*, CH *chelidonium*, AV *authemerum* [2]). Mais, sur la pierre de Famars, les
lettres TI n'indiquent plus un nom de médicament, mais bien un nom propre. Certes, Tiberius
Claudius Messor, si cette pierre lui avait appartenu,
n'aurait eu nul besoin d'y faire graver ses initiales.
Dans notre hypothèse, au contraire, la présence
des lettres TI est toute naturelle, et peut être faci-
lement justifiée.

§ VI. De la matière sur laquelle on imprimait ces cachets.

On est peu d'accord sur la manière dont on
employait les pierres sigillaires. Spon pensait

----

(1) *Mémoires de la Société des antiq. de France*, t. II, p. 449
et 463.

(2) Grivaud de la Vincelle, pl. XXXVI, n° 11.

qu'elles devaient servir de couvercle aux boîtes dans lesquelles les oculistes renfermaient leurs collyres[1]; mais cette opinion insoutenable, et réfutée depuis longtemps par l'abbé Lebeuf, doit être pour jamais laissée de côté. Puisque les lettres des tranches sont gravées à l'envers, il est évident, comme nous l'avons déjà dit, qu'elles servaient à donner des empreintes. Si l'on en croit Caylus et Falconnet, ces empreintes, appliquées sur les médicaments, en auraient garanti l'authenticité; si l'on en croit Tôchon[2], ce serait, au contraire, sur les vases mêmes destinés à contenir les remèdes que ces étiquettes auraient été placées. L'opinion émise par Caylus et Falconnet semble très plausible au premier abord; car les collyres, quoique employés pour la guérison des maux d'yeux, n'étaient pas tous liquides: c'étaient souvent des onguents ou des pâtes assez consistantes. Il serait donc possible que l'usage d'imprimer sur l'objet même son nom et ses qualités eût été employé dans l'antiquité comme il l'est encore chez nous par les parfumeurs, les confiseurs et autres; mais, après avoir un peu réfléchi, on sera bien vite forcé d'abandonner cette conjecture. Les oculistes ne débitaient pas seulement des onguents et des pâtes, ils vendaient aussi des objets qui, par leur nature, n'étaient pas

(1) Spon, *Miscellanea cruditæ antiquitatis*, p. 236.
(2) Ouvrage cité, p. 13.

susceptibles de recevoir la moindre empreinte. Tels étaient, par exemple, les *penicillum*, sorte d'éponges douces sur lesquelles on étendait un mélange de vin et de miel nommé *mulsum*, et dont on se servait ensuite pour oindre légèrement la partie malade. Or les inscriptions des pierres sigillaires, étant toutes conçues à peu près dans un même système, doivent toutes avoir été employées de la même manière; ce n'était donc pas sur les médicaments eux-mêmes, mais bien sur les vases destinés à les contenir, que nos cachets devaient être empreints.

Pour partager l'opinion de Tôchon, il faudrait admettre que les médecins oculistes communiquaient leurs cachets aux potiers chargés de confectionner les vases où ils renfermaient leurs collyres, et que ces artisans, lorsque les vases étaient sortis du tour, avaient la précaution d'imprimer sur leurs panses les inscriptions convenables. Tôchon croit donner une preuve convaincante de ce fait en citant deux vases sur lesquels se trouve la légende suivante :

$$\text{IAC}^{\text{o}}\text{N}^{\text{o}}\text{C}$$

$$\Lambda\text{YKI}^{\text{o}}\text{N}$$

qu'il interprète ainsi : *Lycium de Jason;* et il démontre très bien que le lycium était un collyre; d'ailleurs, à part la langue dans laquelle cette in-

scription est conçue, l'analogie entre elle et celles
des pierres sigillaires est complète.

Il est un fait avéré, c'est que ces cachets étaient
remis dans certaines circonstances aux potiers, puisqu'on trouve décrit dans Caylus[1] un rebord de vase
où se voit empreint un cachet, celui qui est connu
sous le nom de pierre d'Avignon. Cette empreinte,
il est vrai, est très défectueuse; d'ailleurs, elle se
trouve répétée deux fois, et semble n'avoir été
imprimée que comme essai; aussi M. Rever, qui
cite également ce fait, prétend-il qu'il n'en faut
rien conclure; pour nous, il nous semble que c'est
une preuve évidente que les pierres sigillaires se
trouvaient entre les mains des potiers; et nous
n'hésiterions pas à adopter l'opinion émise par
Tôchon, si elle ne semblait contredite par une des
plus curieuses pierres sigillaires qu'on ait retrouvées jusqu'ici, celle de Vieux, figurée par M. Rever, dans son *Appendice aux antiquités de Lillebonne*, pl. iv, n° 3.

Cette pierre, qui porte le nom de *S. Martinus
Ablaptus,* présente sur ses deux surfaces planes
des figures gravées au trait. D'un côté est un hip-
pocampe; de l'autre un vase accompagné de lettres. Voici la description de ce dernier côté : au
sommet, s. s; plus bas et en lettres plus grandes,
GAI; plus bas encore, un vase à deux anses, à

____

(1) *Recueil d'antiquités*, t. VII, pl. LXXIV.

panse large, à goulot évasé, et soutenu par un pied; sur le milieu de la panse, et à l'endroit qui la sépare du goulot, on voit des ornements en forme de corde ou de collier; et dans la partie la plus basse, trois yeux; enfin, dans l'entrée du goulot même, les lettres GA.

M. Rever avoue qu'il ne comprend rien à ces figures. Cependant il n'était pas difficile de deviner que ce vase ne pouvait être autre chose que la représentation de l'une des fioles qui devaient contenir des collyres; la présence des yeux, qui y sont placés comme ornement, le prouve d'une manière irrécusable, selon nous; car nous ne pensons pas qu'on puisse nous objecter qu'il y ait la moindre analogie entre ces yeux et ceux qu'on voit sur la proue des navires, ou bien sur les vases grecs des IVe ou Ve siècles avant l'ère chrétienne. Que signifient les lettres GAI qui se trouvent au-dessus de ce vase? nous l'ignorons, à moins que ce ne soit le nom du possesseur du cachet ou du graveur de la pierre. Les deux premières GA se retrouvent au milieu du goulot même. Ne serait-il pas possible, d'après cela, de penser que c'était sur les couvercles plats servant à boucher l'orifice des vases que les potiers imprimaient les cachets? Nous ne voulons cependant rien affirmer, et nous nous contenterons de constater que ce n'était pas sur les médicaments eux-mêmes, mais bien sur les vases destinés à les contenir, soit sur la panse, soit sur le couvercle, que ces cachets étaient placés.

§ VII. A quelle époque ont été gravées les pierres sigillaires.

Une des questions les plus importantes qui puissent être soulevées à propos des pierres sigillaires, question qui cependant a été à peine effleurée, c'est celle de l'époque à laquelle il faut faire remonter cette sorte de monuments. Sont-ils tous du même temps, du même siècle? diffèrent-ils sous le rapport du travail, du style, selon les lieux où on les a rencontrés. Un seul archéologue, M. Rever, a essayé de répondre à ces deux questions, au moins pour le cachet de Bayeux; si on l'en croit, ce monument a dû être gravé à la fin du iie siècle ou pendant le iiie. Nous n'avons pas vu ce cachet, mais outre les cinq que nous publions et qui sont sous nos yeux, nous avons pu examiner ceux que Tôchon, Caylus, Gough et Grivaud de la Vincelle ont figuré, et nous pouvons, sans crainte de nous tromper, affirmer que tous ont dû être gravés du temps des Antonins. Ces monuments d'ailleurs étant taillés sur un même patron, nous ne ferons pas non plus difficulté d'affirmer que tous appartiennent à la même époque, et que M. Rever nous semble avoir un peu trop rajeuni celui dont il s'est occupé. Pour contrôler notre opinion, on n'aura qu'à comparer ces cachets aux médailles, aux inscriptions et en général à tous les monuments épigraphiques de

l'époque que nous leur assignons; l'œil en ces matières en dit plus que la plus longue dissertation;
nous prierons donc, sans plus discourir, nos lecteurs de vérifier notre assertion sur les cachets
déjà figurés.

§ VIII. Raison pour laquelle on rencontre si souvent des
cachets d'oculistes.

Le grand nombre de cachets d'oculistes antiques que l'on rencontre a toujours étonné les archéologues et ceux qui s'occupent d'antiquités
médicales. Les ophthalmies sont rares aujour-
d'hui comparativement aux autres maladies. On
s'est souvent demandé pourquoi les anciens y
étaient plus sujets que nous, et personne n'a pu
résoudre ce problème. Cependant l'explication de
la prédisposition des anciens pour les ophthalmies
était fort simple, et un membre de l'Institut que
la Société des antiquaires s'honore de compter
dans son sein, M. Lenormant, nous l'a don-
née : il est un principe d'hygiène fort connu,
c'est que l'usage immodéré des bains affaiblit les
yeux et les parties du corps qui y correspondent;
on sait que les anciens faisaient un usage abusif
des bains; c'est le cas de répéter ici un axiome
très connu :

« Les choses les plus simples sont celles qui se
présentent les dernières à l'esprit de l'homme. »

CHAPITRE II.

EXPLICATION DE CINQ PIERRES SIGILLAIRES INÉDITES.

Lapis Thoriacensis[1].

I

T. C. PHILVMENIAV

THEMERVM. ADIM

II

. . . . MENITVR

. . . . D SVPPVRA

III

T. C. PHI. I. . . . .

I. DI. A. . . . . .

IV.

Totalement brisé.

Cette pierre que, pour nous conformer à l'usage

[1] Nous prions nos lecteurs de considérer que si nous donnons des noms latins à nos cachets, ce qui peut paraître un peu pédantesque, c'est que Tôchon l'a fait avant nous, et que nous avons voulu ne nous écarter en rien de la nomenclature adoptée par cet antiquaire.

reçu, nous appelons *lapis Thoriacensis*, parce qu'elle a été trouvée dans un village de Sologne, du nom de Thouri [1], appartient à M. de la Saussaye, qui a bien voulu nous la communiquer et nous permettre de la faire connaître. Elle est de même

(1) Thouri, en latin *Thoriacum*, ancienne baronnie qui relevait de l'évêché d'Orléans, aujourd'hui commune du département de Loir-et-Cher, arrondissement de Blois, canton de Brassieux. Les seules antiquités observées jusqu'ici à Thouri sont fort peu importantes, et consistent en quelques briques à rebords. Le village lui-même est éloigné au moins d'une lieue de toute voie romaine; celle qui en approche le plus est la voie qui conduisait de Genabum à Cæsarodunum. Le premier acte où, à notre connaissance, il soit fait mention de Thouri, est daté de l'an 1219. Dans cet acte, que nous avons sous les yeux en original, il est question d'un chemin alors connu dans le pays sous le nom de *Chemin des Angléés*. « *Nec non,* « y est-il dit, *et decimam territorii* a via des Angléés *usque ad* « *amnem qui Vohum nuncupatur.* » Cette dénomination, comme celles de *Chaussée Brunehaut*, de *Chemin de César*, de *Chemin des Sarrasins*, etc., est souvent, on le sait, appliquée par le peuple aux routes antiques. Nous ne serions donc point étonné que par le *Chemin des Angléés* on eût voulu désigner une voie romaine; peut-être même s'agit-i de la route de Genabum qui, près de là, a donné son nom au village de la *Chaussée le Comte*, et qui, à quelques lieues plus à l'est, prend le nom de *Chemin Rémi*. Il nous paraît difficile de traduire le mot *Angléés* par *Anglais*; car il serait bien extraordinaire, on en conviendra, de voir ce nom paraître dans l'Orléanais dès 1219; nous préférons donc voir ici, avec notre confrère M. Maury, un *Chemin des Anges*; les anges, dans les romans du moyen-âge, étant souvent appelés *Angres* et *Angléés*.

nature que toutes celles qui ont été déjà publiées : c'est une stéatite opaque de couleur verdâtre, taillée en forme de tablette carrée, à tranches épaisses de deux ou trois centimètres au plus. Sur ces tranches sont gravées des légendes en lettres capitales, et formant deux lignes sur chacune. Un accident l'a fortement défigurée : une des tranches a été entièrement détruite ; deux autres ont beaucoup souffert, et la quatrième elle-même a été un peu entamée. Il n'est pourtant pas impossible, malgré tout cela, de rétablir le sens que présentent les lettres placées sur deux de ces tranches. L'une doit évidemment se lire :

> Titi Caii PHILVMENI AV-
> THEMERVM AD IMpetum.

l'autre :

> (*Titi Caii Philu*) MENI TVR-
> (*inum*) AD SUPPVRA*tionem*.

Quant à la troisième, elle commence encore par le nom du médecin oculiste, et contient aussi le titre de quelqu'un des médicaments qu'il prescrivait à ses malades ; ce titre n'étant indiqué que par quelques lettres dont les unes sont à demi rompues, et dont les autres composent des sigles fort abrégés, il est difficile de le restituer ; ce que nous pouvons voir dans cette inscription se résume à ceci :

> Titi Caii PHIlumeni I. . . . . .
> I. DI. Ad. . . . .

Faisons observer que le jambage qui termine la première ligne n'est pas un ı, mais une lettre incomplète, probablement un ᴅ commençant un mot composé de la préposition grecque διά, et d'un autre mot emprunté à la même langue, tel que *dialibanon, diarhodon, diasmyrnus, dyamysus, diarices*, et autres de la même famille, qu'on rencontre si fréquemment sur les pierres sigillaires; pour ce qui est de la syllabe ᴅɪ, en l'absence de ce qui précède et de ce qui suit, on ne peut en tirer aucun sens. Là devait se terminer le nom du collyre et commencer l'énumération de ses qualités; l'ᴀ, à la suite duquel la pierre est fracturée, le prouve suffisamment et autorise la lecture ᴀ*d* que nous proposons.

Le nom de *Titus Caius Philumenus* n'a encore été rencontré sur aucune pierre sigillaire. On trouve dans l'antiquité un médecin de la secte des méthodistes nommé *Philomenus*, qui vivait du temps de Domitien et de Trajan. C'était, à ce qu'il paraît, un homme habile; car il est souvent cité par les auteurs, entre autres par Alexandre de Tralles, par Aetius et par Oribase [1]. Serait-ce le même que notre Philumenus? Nous serions très porté à le croire. Cependant, comme ses ouvrages, s'il en a composé, sont aujourd'hui perdus, et que les auteurs qui parlent de lui ne le mentionnent

______

(1) *Voyez* Springel, *Hist. de la médecine*, trad. de Jourdan, t. II, p. 31 et 32.

point à propos des maladies des yeux, nous laissons aux gens spéciaux le soin d'éclaircir ce fait.

Le premier remède indiqué par la pierre de Thouri est l'*authemerum*, collyre déjà mentionné sur deux cachets: la deuxième pierre de Lyon, et la sixième de Naix. Ainsi les pierres sigillaires nous donnent trois applications de l'authemerum : 1° *l'authemerum de Philumenus,* qui était employé pour les phlogoses ou inflammations subites des yeux *ad impetum*; 2° l'*authemerum lene ex ovo de Lucius Cœmus Paternus*; 3° l'*authemerum lene* de Quintus Junius Taurus, destiné à la guérison des conjonctivites purulentes et des blépharites catarrhales : *ad epiphoras et omnem lippitudinem.*

Si l'on en croyait Tôchon et Grivaud de la Vincelle, *authemerum* serait une faute du graveur du cachet, qu'il faudrait corriger en lisant *anthemerum.* « *Authemerum* pour *anthemerum,* » dit le dernier de ces savants en parlant du cachet de Junius Taurus, « se trouve ici pour la première « fois. *On verra, dans la tablette inédite, n° 4,* « *que le* v *y remplace dans le même mot l'*N « *comme dans la nôtre. L'anthemerum* composé « de Ἀνθέω, fleurir, et de Ἥμερος, doux, était un

---

(1) Grivaud de la Vincelle a publié ces deux cachets, dans son *Recueil de monuments antiques,* pl. xxxvi, n°ˢ 1 et 2; l les a expliqués, p. 279-289 du même ouvrage.

« baume de fleurs (de camomille) qui calmait l'in-
« flammation des yeux [1]. »

Comme on le voit, tout en prétendant que son
anthemerum est un baume composé de fleurs de
camomille, Grivaud semble à peine se douter
qu'*anthemis* est le nom ancien de cette plante, puisqu'il n'en parle pas, et que comme étymologie
il a recours aux deux mots grecs ἀνθέω et ἥμερος;
mais ce qui est plus extraordinaire encore, c'est
que tout en conservant sa correction, il a bien
soin de constater que les deux seules inscriptions
qu'il connaisse ne portent pas, comme il le dé-
sirerait, *anthemerum*, mais bien *authemerum*.
Grivaud avait communiqué le cachet de Taurus à Tôchon, ce dernier le dit positivement;
si nous ne craignions pas d'être accusé de vou-
loir sonder la pensée intime de ces deux auteurs,
nous dirions que nous sommes convaincu que
le second a imposé son interprétation au premier;
quoi qu'il en soit, Tôchon va plus loin encore que
Grivaud, puisqu'il n'a pas craint d'introduire sa
correction dans le texte même de l'inscription,
qu'il a reproduite à la page 71 de son ouvrage [2],

____

(1) *Recueil de monuments antiques*, t. II, p. 281. C'est par
erreur que, dans la phrase que nous citons textuellement,
Grivaud parle du n° IV de sa planche; c'est bien sous le
n° II que se trouve gravé le 2ᵉ cachet de Lyon.

(2) On y lit entre autres choses : « En donnant ici la no-
« menclature de toutes les inscriptions qui se trouvent sur les
« cachets des médecins oculistes, nous avons eu soin de les

tandis que Grivaud a la conscience de reconnaître que sur la seconde pierre sigillaire qu'il a pu examiner, il lit encore *authemerum*. Pour nous, puisque le cachet de Thouri vient nous fournir une troisième fois la même leçon, nous sommes bien forcé de la regarder comme la bonne. D'ailleurs l'explication du mot *authemerum* n'est pas difficile à donner, puisque Galien nomme ainsi un remède dont il mentionne trois espèces, qui toutes, quoique ayant sans doute la même base que l'*authemerum* de nos oculistes, en diffèrent cependant, puisque, dans leur préparation, il n'entre point d'œufs[1]. Galien appelle ce remède Αὐθήμερον, c'est-à-dire remède *que l'on doit prendre en un jour*, ou plutôt, ainsi que le pense notre confrère, M. A. Maury, *qui guérit le jour même*[2]. Cette seconde interprétation nous paraît

« présenter *telles que nous pensons qu'elles doivent être lues.*» Aussi en a-t-il estropié quelques-unes; M. Bottin l'en a déjà repris à propos de la pierre de Bavai (*Mémoires de la Société des antiq. de France*, t. II, p. 458); et nous-même, nous pouvons citer encore la première pierre de Paris, comme inexactement transcrite ainsi par lui :

Copie de Tôchon.		Copie prise sur l'original.	
I	II	I	II
......FLAVIANI	DECMIP...;	.... FLAVIANI	DECMIP...
......MLENEM OCVLO	ANICOLL...	.... MLENEMAD	ANICOLLI...
...... VDINEM	MIXTVM C...	....VDINEM OCVLO	MIXTVM C....

(1) Galien, éd. Küne, t. XIII, p. 251 à 253.

(2) L'adjectif Αὐθήμερος, formé de αὐτός, *le même*, et de

d'autant plus plausible que les oculistes donnaient quelquefois à leurs médicaments des noms prétentieux, tels que ceux de *isotheon* (qui vaut un Dieu)[1], *isochryon* (qui vaut de l'or)[2].

Disons-le, l'erreur de Grivaud et de Tôchon paraît inconcevable, surtout lorqu'on pense que le premier a connu et qu'il cite même, d'après Marcellus Empiricus[3], un collyre dont parlent également Alexandre de Tralles, Paul d'Égine et Galien[4], et dont le nom, *monohemerum*, devait le mettre sur la voie.

Cette erreur a eu malheureusement de l'écho : elle a introduit un barbarisme dans la langue latine ; en effet, le dernier éditeur du dictionnaire de Forcellini, M. Furlanetto, trop confiant dans la critique de Tôchon, a inséré dans ce livre le paragraphe suivant :

« ANTHEMERUM i. n. ab αυθεμερον, flos, collyrii
« genus apud Tochon, *Cachet des occulistes*, p. 71 :
« *Junii Tauri anthemerum ad epiphoram et*
« *omnem lippitudinem.* »

Il faut se hâter de rayer de cet excellent lexique

ημέρα, *jour*, signifie *qui se fait* ou *qui agit le même jour.* L'adverbe αὐθημερον est employé par les auteurs de la meilleure grécité, Thucydide et Xénophon, dans le sens de *le jour même.*

(1) *Lapis Carbecci-Grestensis, infra,* p. 215.
(2) *Lapis Divionensis,* Tôchon, p. 62.
(3) Marcellus Empiricus, p. 279.
(4) Ed. Küne, t. XII, p. 791.

ce mot barbare qu'une inconcevable faute de lecture avait pu seule y introduire.

Nous ne dirons rien du mot *impetum*, si ce n'est qu'il signifie *inflammation subite*. Saxius, p. 27, et Tòchon, p. 25, l'ont suffisamment démontré en citant à l'appui de leur opinion le chapitre viii de Marcellus Empiricus, sur les différentes maladies des yeux, chapitre où cet auteur parle du *primus impetus*, du *subitus impetus*, etc.

Le nom du médicament qui se trouve dans la seconde inscription commence par la syllabe TVR; mais la pierre ayant été brisée en cet endroit, la fin du mot manque. Ce médicament était employé pour arrêter la suppuration des yeux, AD SVPPVRA... Deux pierres sigillaires, nouvellement découvertes, nous permettront de restituer cette légende dans son entier. Ces pierres sont celles de Cessi-sur-Tille et de Selongei. Sur la première on lit :

(*C. Ju*) L. PRIMITVRINVM.

(*ad*) SVPPVRAT OCVLOR.

Sur la seconde :

M. MESORGILI TH

VRINVM. EX. OV.

A l'aide de ces deux inscriptions, nous pou-

vons, avec toute certitude, expliquer ainsi la
pierre de Thouri :

$$(T.\,C.\,Philu)\text{MENI TVR}$$
$$(inum\ ad)\ \text{SVPPVRA}(tionem)$$

Aucun médicament commençant par la syllabe
tur n'est indiqué par Galien ; M. de Saint-Mesmin,
qui a publié les deux pierres de Cessi et de Selongei, l'a constaté avant nous. Selon cet antiquaire, le *turinum*, ou *thurinum*, aurait été composé avec de l'encens. « Galien, dit-il, ne donne
« ce nom a aucune préparation ophthalmique,
« mais il parle de collyres dans la composition
« desquels il entre de l'encens... Aëtius en parle
« aussi, chap. xcix, p. 342 et suiv. » Mais pour que
cette explication fût admissible, il faudrait qu'il
y eût dans ces inscriptions THVREVM OU TVREVM ;
car THVRINVM OU TVRINUM ne signifie pas *d'encens*,
mais bien *provenant de la ville de Thurium* [1].
Or, Pline nous apprend qu'on récoltait dans les
environs de cette ville un vin renommé ; et le vin,
on le sait, est un astringent assez actif. Ne serait-
il pas ici question d'un collyre ayant pour base
le vin de Thurium, qui lui aurait ainsi donné son
nom ? Nous soumettons à de plus habiles la solu-
tion de cette question, faisant cependant observer
que tous les noms de collyres que présentent

(1) *Voyez* le Lexique de Forcellini, au mot TURINUM.

les pierres sigillaires sout grecs, et que le *thuri-num* ferait seul exception si on le faisait dériver de *thus*, encens; tandis qu'il rentre dans la règle, si l'on cherche son étymologie dans le nom de la ville grecque de *Thurium*.

Lapis Augustodunensis.

I

PFVLVICOTT......

OPOBALSAMA.....

II

PF. . . . .

OM. . . . .

Ce cachet a été trouvé dernièrement à Autun; il appartient à M. d'Espiars, avec l'autorisation duquel M. Charleuf a bien voulu nous en donner connaissance; malheureusement il n'a d'autre intérêt que de nous révéler l'existence de l'oculiste Publius Fulvius Cotta, médecin que, du reste, nous n'avons encore trouvé cité par aucun auteur ancien. La pierre, qui est une stéatite verdâtre comme celle de Thouri, est plus endommagée encore; il n'en reste que le petit fragment portant les lettres transcrites ci-dessus. La première lé–

gende seule peut être restituée, et nous la lisons ainsi :

PUBLII FVLVI i COTTÆ (*stactum* vel *diapsoricum* vel *isochrision*)

OPOBALSAM*um* A *d*.... vel OPOBALSAMA*tum*.

Les derniers mots de la première ligne manquent, et l'épithète *opobalsamum* ne se trouvant employée sur les pierres sigillaires qu'à la suite du stactum, du diapsoricum et de l'isochrision, il est tout simple de croire que l'un de ces remèdes était indiqué sur le cachet d'Autun.

Le *stactum opobalsamum* est cité : 1° par la pierre de Colchester; il y est désigné comme propre à guérir l'obscurcissement de la vue : *stactum opobalsamum ad caliginem;* 2° sur celle de Mandeure; on le donne comme salutaire pour les vieilles affections des yeux. *Stactum opo. ad c. v.;* 3° sur la septième pierre de Naix, et on lui attribue à peu près les mêmes vertus que sur celle de Colchester. *Stactum opo. ad clarit.;* 4° enfin, sur celle de Brumath, qui n'énumère pas ses qualités.

Le *diapsoricum opobalsamum* ne se montre que sur le premier cachet de Lyon et sur celui d'Iéna; son emploi était à peu près le même que celui du *stactum. Diapsoricum opobals. ad clarit.* Quant à l'*isochrision opobalsamum,* on ne l'a encore signalé que sur la première pierre de Naix, *isochrys. ad scabrit. et clarit.* Ainsi, il guérissait la gale des yeux et avait aussi des propriétés analogues aux deux remèdes précédents; mais, au reste, peu importent tous ces baumes dont les noms ne se trouvent pas même exprimés par leurs initiales sur la pierre que nous étudions. On peut, du reste, consulter, à cet égard, Caylus, Saxius, Tôchon, et généralement tous ceux qui nous ont précédé[1].

Le cabinet du roi possède quatre pierres sigillaires. Deux ont déjà été publiés : l'une est connue sous le nom de pierre de Vérone, *Lapis veronensis* [2]; l'autre sous celui de première pierre de Paris, *Lapis parisiensis* I^us [3]. Nous n'avons rien à dire de nouveau sur ces monuments. On ignore d'où proviennent les deux autres que nous allons décrire en les désignant sous les noms de *lapis parisiensis* III et de *lapis parisiensis* IV.

Lapis Parisiensis III.

I

PAVLINIDIAB

SORICVM

(1) *Voyez* le Mémoire de M. Johanneau, cité plus haut, à propos de la pierre de Brumath. Tous les autres cachets se trouvent réunis dans le livre de Tôchon.

(2) *Voyez* les ouvrages de Maffei, Walchius, Saxius et Tôchon d'Annecy.

(3) *Voyez* le t. I de Caylus ; Walchius, Saxius et Tôchon.

II

PAVLINILEN

IPNICLM.

Cette tablette, en stéatite verdâtre comme les précédentes, est parfaitement entière; deux de ses tranches seulement ont été gravées, la troisième est lisse, et la quatrième entaillée de quelques caractères peu profonds qui semblent avoir été tracés au couteau. On y distingue à peine vīv; ces lettres ne doivent nullement être prises en considération; elles n'ont été produites que par une main étrangère.

Les deux inscriptions sont très claires.

PAVLINI. DIAB

SORICVM

PAVLINI. LEN

I. PENICILLVM

De tous les cachets des médecins-oculistes qui nous ont passé sous les yeux, nous n'en avons vu aucun qui ait été plus négligemment exécuté que celui-ci. Non-seulement les légendes y sont plus abrégées que sur les pierres précédentes, mais encore les lettres y ont été mal formées. L'artiste chargé de les graver semble n'avoir point calculé la place, et les caractères de la seconde ligne sont tous plus écartés que ceux de la première; enfin, comme si l'on n'était même pas sûr de ce qu'on devait y écrire, on voit à la fin de chacune une lettre effacée par le burin même qui venait de l'exprimer.

Le *diapsoricum* est un remède déjà connu; il est cité sur six pierres : 1° celle de Gênes, *diabsoricum ad calig.*; 2° celle de Dijon ; 3° la deuxième de Besançon, *diasphoric. ad scabritas*[1] ; 4° la première de Lyon, *diapsor. opo. balsamatum;* 5° celle d'Iéna, *diapsoricum opobals. ad clari.;* 6° enfin la septième de Nasium, *diapsoricum ad genas sciscas et cl.* Sur la pierre de Nîmes on trouve en outre un autre baume nommé PSORICVM. Nous renverrons le lecteur à ce qu'en dit M. Tôchon[2], qui, avec beaucoup de raison, pense que le *psoricum* et le *diapsoricum* devaient être une seule et même drogue. Celsus, Scribonius Largus, Pline, Actuarius parlent du diapsoricum, et ils décrivent plusieurs remèdes sous ce nom. Marcellus Empiricus en fait un éloge merveilleux. « Si l'on en « croit l'auteur de ce remède, dit-il, il a rendu, au « bout de vingt jours, la vue à une personne qui « était aveugle depuis douze ans. » *Ut auctori ejus remedii de experimento credamus, duodecim annorum cœco intra dies vigenti visum restituisse se dicit.*

LENI PNICLM est certainement mis pour LENE

(1) Le *diasphoricum* est inconnu et ne se trouve mentionné nulle part. M. Tôchon corrige probablement avec raison *diasphoricum* en *diapsoricum.*

(2) *Ibid,* p. 18.

PENICILLVM. La substitution des voyelles l'une à l'autre, dans les bas temps, est un fait trop commun pour qu'il ne soit pas permis de croire qu'il peut en être de même dans le langage vulgaire au IIe siècle. Malgré leur affectation à donner des noms grecs aux collyres qu'ils employaient, les médecins oculistes n'allaient point chercher leurs expressions dans les bons auteurs de la latinité. D'ailleurs il n'est pas rare de rencontrer des exemples analogues dans les inscriptions de tout genre. PNICLM pour PENICILLVM est une abréviation très naturelle et formée absolument de la même manière que les abréviations de toutes les époques. On en rencontre parfois d'analogues sur les pierres sigillaires du même genre : DECMI pour DECIMI sur la première pierre de Paris.

Le *penicillum* est cité sur trois pierres : 1° sur celle de Vieux, *lene penicillum;* 2° sur celle de Famars; 3° sur la sixième de Naix, *penicillum ad omnem lippitudinem.* Selon M. Grivaud de la Vincelle, le penicillum était un petit pinceau, un plumasseau dont on se sert même encore aujourd'hui pour déterger l'humeur visqueuse qui s'attache aux cils[1]. Selon M. Eloi Johanneau, c'est une éponge douce et fine qui servait à appliquer les collyres sur les parties malades de l'œil[2]. Le

(1) Grivaud de la Vincelle, p. 281.
(2) Eloi Johanneau, *Mémoire sur les pierres sigillaires* inséré dans les *Mélanges d'archéologie* de M. Bottin, p. 114.

fait est qu'on peut soutenir l'une et l'autre opinion, puisque, dans la médecine antique, on avait recours aux deux objets. Cependant nous nous rangeons plus volontiers à l'opinion de M. Johanneau ; car Forcellini, à l'article *penicillum*, cite le passage suivant d'Achilleus, qui lui donne tout à fait raison. *Mollissimum genus* (spongiorum) *penicilli oculorum tumores levant ex mulso empositi. Mulsum* signifie du vin mêlé de miel ; on se servait donc de l'éponge nommée penicillum, enduite de ce collyre, pour guérir les tumeurs de l'œil. Selon M. Johanneau, c'est dans du blanc d'œuf qu'on la trempait ; rien n'empêche que le penicillum ait servi aux deux fins. Son assertion est même autorisée par un cachet trouvé en Angleterre et que décrit M. Gough, cachet où l'on lit : *Penicil. lene ex ovo.* Selon le même Achilleus, c'est en Lycie, dans la haute mer, que croissaient les penicillum les plus doux. Les *penicillum lene* de notre inscription. «*Circa Lyciam*, dit-il, *penicillos mollissimos nasci in alto hoc est spongias ex quibus penicilli fiant*[1]. M. Bottin qui, en expliquant la pierre de Famars, a eu occasion de parler du penicillum, lui donne un autre sens qu'il emprunte au *Lexicon medicum* de Stephanus Blancardi. « C'était, dit-il, un linge réduit en charpie, enduit d'onguent, qu'on appliquait sur

____

(1) Forcellini, éd. de 1835.

les ulcères[1]. » Il est très possible que la charpie ait autrefois porté le nom de penicillum, mais les textes cités plus haut empêchent de croire qu'il soit ici question d'autre chose que d'une éponge douce.

Lorsque les oculistes voulaient tirer une empreinte de leurs cachets, ils n'étaient pas toujours obligés de lire préalablement l'inscription dont ils avaient besoin; ils avaient, pour se reconnaître, quelques points de repère placés soit sur les bords de la tranche quelquefois taillée en biseau, soit sur le plat de la tablette. Nous citerons comme exemple le cachet de Paternus, dont nous avons déjà fait mention plusieurs fois. Sur la pierre qui nous occupe, on s'est servi d'un moyen analogue; on a numéroté chacune des tranches par les chiffres I, II, III, IIII, inscrits sur l'un des côtés plats de la pierre. Le nᵒ I répond à la légende indiquant le *diabsoricum*; le nᵒ III à celui où il est question du *penicillum lene*. Les nᵒˢ II et IIII sont lisses; seulement, ainsi qu'on l'a vu, le nᵒ IIII a été détérioré par une main inhabile qui a voulu y tracer quelques lettres.

A propos des tranches restées vides, qu'on nous permette une petite observation. Certainement ces tranches attendaient une inscription qui devait y être gravée selon les besoins du possesseur du cachet; mais il est impossible, ainsi que l'a

(1) Bottin, *Mémoires de la Société des antiq. de France,* t. II, p. 461.

prétendu M. Tôchon, que les oculistes aient eu l'habitude d'effacer de temps en temps les légendes anciennes pour en faire graver de nouvelles, à moins qu'ils n'aient voulu renouveler la pierre en entier. En produisant son hypothèse, M. Tôchon n'avait pas réfléchi, sans doute, que toutes les inscriptions remplissent les tranches jusqu'au bout, et qu'aplanir un côté c'était entamer les lettres placées sur les côtés voisins. Il faut donc encore abandonner cette conjecture, puisque rien ne l'autorise, et que tout, au contraire, semble la contredire. Certes, notre critique est bien peu importante; mais, en abordant le sujet que nous avons entrepris de traiter, nous nous sommes proposé de ne rien négliger, autant du moins qu'il serait en nous. L'occasion de placer ici cette remarque se présentant, nous l'avons saisie.

Le médecin d'après lequel on préparait le *diabsoricum* et le *lene penicillum* mentionnés sur notre pierre se nommait *Paulinus;* et Galien, t. XIII, p. 211, à propos des maladies du foie, parle de remèdes prescrits par un médecin nommé également *Paulinus;* ne pourrait-il pas se faire que ce fût le même personnage?

Lapis Parisiensis IV.

I

L. VAR. HELIODORI.
DIAMISῩOS. AD. ASPR.

II

L. VAR. HELIODORJ

.. VVODES. AD. CICA

III

..... ELIODORIƳ

..... EPID. AD CICAT...

IV

L. VAR. . · . . . · . . .

PALLAD. . . . .

Sur le plat de la pierre, on lit en lettres plus grandes :

SCRIPSIT

Puis en lettres plus grandes encore, mais très maigres :

MA.....E

Et enfin, en bas, en petites capitales maigres également, mais de même dimension que celles qui sont gravées sur les tranches :

D. M.   OL.

Les inscriptions des tranches de cette quatrième pierre, qui comme les autres est une stéatite, doivent se lire :

I

LUCII VARI. HELIODORI

DIAMISƳOS. AD. ASPRItudinem

II

LUCII VARI HELIODORI
(*E*)VVODES. AD. CICA*trices*

III

(*Lucii vari H*) ELIODORI
(*Dial*) EPID*um* AD. CICA*trices*

IV

LUCII VARI (*Heliodori*)
PALLAD*ium*. . . . . .

Tous les médicaments indiqués par ce cachet se retrouvent déjà cités sur d'autres pierres sigillaires.

Le *diasmysus* se rencontre : 1° sur la deuxième pierre de Nimègue; 2° sur celle de Vérone; 3° sur la première de Lillebonne; et 4° enfin, sur celle d'Ingweiler. Ces trois dernières pierres l'indiquent comme un remède efficace pour les vieilles cicatrices. *Diamisus ad vet. cica.* Ici il a une application différente, puisqu'on l'emploie *ad aspritudines*. Dioscoride parle d'une pierre nommée Misy, et dont on se servait comme étant très propre à guérir les maladies des yeux; le meilleur misy était celui de Chypre[1]. Le diamisyos est certainement un collyre qui avait pour base la pierre misy. Marcellus Empiricus parle du diamisyos comme étant employé dans les affections que les anciens appe-

______
(1) Tôchon, p. **26**.

Jaient *aspritudines oculorum.* « Collyrum diamy-
« sos, dit-il, quod facit ad aspritudines oculorum
« tollendas et ad lacrymas tollendas. » Voici donc
le texte d'un médecin antique confirmé par un
monument [1]. Le misy est nommé en grec Μίσυος [2];
diamysios est donc plus près de l'étymologie que
diamysus, qu'on rencontre partout ailleurs. L'e-
vodes, ou plutôt l'*euvodès,* est un mot composé
du grec ευ *bon,* et de ὠδης *odeur.* L'evodes, selon
M. Grivaud de la Vincelle, était un baume odori-
férant et dessiccatif propre à aplanir les boutons
et les aspérités de la peau. On ne le trouve cité
que sur la pierre d'Iéna et la cinquième pierre de
Naix, *evodes ad aspritudines.* Notre cachet four-
nit encore une nouvelle application de ce collyre,
puisqu'il servait à faire disparaître les cicatrices,
euvodes ad cicatrices.

Selon Forcellini, le dialepidos était composé
avec de la limaille de fer. Λέπις, en grec, signifie
écaille. Le dialepidos est cité cinq fois sur le
genre de monuments que nous étudions: 1° sur la
pierre de Saint-Marcoulf; 2° sur le cachet de Mandeure, *dialepidos ad aspri;* 3° sur la troisième
pierre de Naix, *dialepidos ad cicatrices et scabri-
tias;* 4° sur celle de Beauvais, *ad veteres cicatrices;* 5° sur celle d'Ingweiler.

Le nom du quatrième collyre, du *palladium,*

(1) Tôchon, p. 26.
(2) *Ibid., ib.*

ne se lit que sur le cachet de Bavai, *palladi ad cicatrices*. Selon Callard de la Duquerie, auteur d'un petit dictionnaire de médecine, imprimé au commencement du XVIIe siècle, le *palladium* était la même chose que le *leontopodium*, plante vulnéraire et astringente; M. Bottin a déjà donné cette explication. Notre pierre étant brisée en cet endroit, il est impossible de dire ce que c'était que le palladium d'Héliodore; mais, d'après le cachet ci-dessus désigné, on voit qu'on l'employait pour faire disparaître les cicatrices.

M. Grivaud de la Vincelle a commis une étrange erreur à propos du palladium. Il l'a pris pour un nom d'homme : c'est en tâchant d'interpréter la pierre de Bavai que cette inadvertance lui est échappée. Voici les deux inscriptions que porte cette pierre :

I

C. IVL. FLORI. BA
SILIVM. AD. CIKA.

II

L. SIL. BARBARI
PALLADI. AD. CIC.

Sur la première inscription, MM. Tôchon et Grivaud lisaient à tort *caii* IVL*ii* FLORI. BASILIVM AD CH*emosim*, au lieu de AD CIKA*trices*; et sur la seconde, L. SIL. BARBARI PALLIADI. AD OCV, au lieu

de L. SIL. BARBARI PALLADI. AD CICA ; et c'est ce
que ce dernier expliquait par *lucii* SILVII BARBARI
PALLIADI AD OC*ulorum vulners,* ainsi que le prouve
le passage suivant extrait de son ouvrage. « Le ba-
« silium ou onguent royal était employé par Flo-
« rus à guérir la maladie de l'œil appelée *chemo-*
« *sis, et Barbarus Palliadus s'en servait comme*
« *d'un spécifique propre à cicatriser cette même*
« *partie*[1]. » L. (*Lucius*) étant un agnomen, SIL. (*Sil-*
vius vel *Silius*) un nomen, BARBARI un cognomen, il
est cependant évident que *palliadi* ou plutôt *pal-*
ladi, comme on lit réellement sur le cachet, ne
peut être qu'un nom de collyre. Comment donc
ce savant a-t-il pu s'y tromper?

On trouve cités dans les auteurs anciens plusieurs médecins nommés Héliodore : 1° Héliodore
d'Athènes, poëte tragique et auteur de quelques
écrits sur la médecine : Galien en parle[2]; 2° un
autre Héliodore de l'école d'Alexandrie, qui vivait
sous Dioclétien et qui est mentionné par Pho-
tius[3]; 3° enfin, un contemporain de Trajan sur-
nommé le *Pneumatiste,* parce qu'il appartenait
à la secte ainsi désignée, et dont les ordnonances
sont souvent rapportées par Nicetas[4]. Ce dernier,
vivant à Rome, pourrait bien être le nôtre, car il

---

(1) Grivaud de la Vincelle, t. II, p. 284.
(2) Galien, t. XIV, p. 144 et 145.
(3) Sprengel, *Hist. de la médecine,* trad. Jourd., t. II, p. 160.
(4) Sprengel, *Hist. de la médecine,* ibid., p. 90.

n'y aurait rien d'étonnant qu'il y eût pris un *no-men* et un *agnomen* romain. C'est sans doute ce personnage que Juvénal désigne au vers 3o3 de sa vi^e satire intitulée *Mulieres*.

> Sunt quas eunuchii imbelles, ac mollia semper
> Oscula delectant, et desperatio barbæ,
> Et quod abortivo non est opus. Illa voluptas
> Summa tamen, quòd jam calida matura juventá
> Inguina traduntur medicis, jam pectine nigro.
> Ergo expectatos, ac jussas crescere primùm
> Testiculos, post quam cœperunt esse bilibres,
> Tonsoris damno tantum rapit Heliodorus [1].

Si les légendes des pierres sigillaires ont généralement attiré l'attention des archéologues, ils se sont, au contraire, peu soucié des lettres et des caractères tracés sur la surface plane de ces petits monuments. M. Bottin, comme nous l'avons dit déjà, est le premier qui ait signalé sur la pierre de Famars la présence des lettres TI placées près du bord de la première tranche, et MD vers le milieu de la tablette. Selon lui, l'inscription TI serait seule antique; les lettres MD, signifiant *mil cinq cent*, auraient été ajoutées après coup, ainsi qu'un x et les chiffres 1037 qu'il y a remarqués [2]. Notre pierre porte en cet endroit deux inscriptions beaucoup plus longues et beaucoup plus instruc-

----

(1) Juvénal, satire iv. *Mulieres*, vers 366 à 373.
(2) *Mémoires de la Société des antiq.*, t. II, p. 459 et 460.

tives. D'abord le mot SCRIPSIT, en fort grands et fort beaux caractères, y est inscrit de gauche à droite, certainement pour être lu et non pour être imprimé. Que désigne ce verbe, sinon un individu dont le nom se trouvait indiqué par des lettres aujourd'hui à demi effacées et dont il reste seulement un M, un A et un E? Quel était cet individu, sinon un ouvrier, un graveur sur pierre chargé d'exécuter ce genre de travaux, et qui, comme les potiers, les verriers et les autres artisans, signait son œuvre, toute peu importante qu'elle était? Certes, si la quatrième pierre de Paris était tombée sous les yeux de Caylus, de Spon, de Dunaud ou des autres antiquaires qui, les premiers, ont examiné les cachets des oculistes, on n'aurait pas tant négligé ces lettres isolées qui peut-être nous auraient appris d'autres faits intéressants sur les usages des anciens. Quoi qu'il en soit, voici la preuve que l'art de graver les cachets des oculistes produisait quelque profit, puisque l'on jugeait à propos d'indiquer, pour ainsi dire, son adresse en les signant. Nous ne croyons pas qu'un fait de ce genre ait encore été signalé.

Plus bas, et en caractères plus petits, on retrouve sur la même pierre, nous l'avons dit :

D   M   OL

Que signifient ces lettres? nous l'ignorons et ne le rechercherons pas; avant de hasarder des conjectures, il faudrait ramasser d'autres faits ana-

logues. Nous ne pouvons nous empêcher pourtant de dire que nous considérons chacune de ces
quatre lettres comme autant de sigles, et qu'elles
rappellent le MD de la pierre de Famars; ce qui,
jusqu'à preuve du contraire, nous porte à croire
que peut-être M. Bottin a été trop loin en disant
que ces caractères étaient certainement modernes.

V° *Lapis Lugdunensis* III.

I

HIRPIDI POLYTIM

II

ACHARISTVM

III

DIAGLAVCEV

IV

DICENTETVM

Sur le plat de la pierre, un objet circulaire en
forme de collier gallo-romain terminé par deux
boulons. Ce collier est gravé en creux.

Nous croyons que ces quatre inscriptions doivent se lire de la manière suivante :

I

HIRPIDI POLYTIM*etum* vel POLYITIM*um*

II

ACHARISTVM

III

DIAGLAVCEV*m*

IV

DICENTETVM.

C'est à M. Charles Lenormant que nous devons
la connaissance de cette pierre. Elle appartient à
un amateur de Lyon : il ignore le lieu où elle a été
découverte. Comme tous les autres monuments
de ce genre, c'est une stéatite de couleur verte; ce
cachet est extrêmement plat, et les tranches sont à
peine assez larges pour contenir les quatre lignes
qui y sont tracées, une sur chaque face. Cependant ce n'est pas la pierre sigillaire la moins cu-
rieuse que nous ayons à étudier; car là tout est
nouveau, et le nom du médecin Hirpidus, et ceux
de tous les remèdes qui y sont indiqués. Nous ne
saurions donc trop remercier ce savant académi-
cien de la communication qu'il a bien voulu nous
faire d'un monument si précieux pour nous.

Hirpidus n'est pas cité dans Galien, et nous
n'avons trouvé son nom indiqué nulle part. Il en
est de même du *polytimetum* ou *polytimum* qu'il
avait composé; cependant le charlatanisme des

oculistes romains devait présenter au vulgaire ce remède comme quelque chose de bien précieux, puisqu'en grec, dont le nom de la drogue est certainement tiré, πολυτίμητον signifie *ce qui est en haute considération*, et πολυτίμον *ce qui doit être acheté fort cher*. Comme le *isochrison* ou le *isotheon*, le *polytimum* ou *polytimeton* passait donc, à ce qu'il paraît, dans l'antiquité, pour quelque chose de souverain et d'infaillible. Galien fait mention de l'*acharistum*, t. XII, p. 749. Comme l'indique son nom, Ἀχάριστον, ce collyre devait être très désagréable à prendre et fort violent; aussi ne l'employait-on que pour guérir les inflammations des yeux les plus violentes, πρὸς τὰς μεγίστας ἐπιφορὰς. Galien indique trois espèces d'*acharistum*; le plus compliqué de tous n'était guère usité qu'en Égypte et sur les natures les plus robustes, μάλιστα ἐπὶ τῶν ἀγροικοτέρων; encore recommandait-il à ceux qui voulaient s'en servir de prescrire aux malades d'avoir bien soin de l'employer pour l'œil lui-même et de ne pas l'appliquer sur les parties malades qui l'entourent. Il indique ensuite la manière dont il a modifié ce collyre, et enfin il décrit une troisième recette. Ceux qui seront curieux de connaître de quoi se composait l'acharistum peuvent avoir recours au texte que nous indiquons.

La pierre de Cessi-sur-Tille nous a déjà révélé l'existence du *Terentianum*, que Terence ou Terentianus avait composé. Voici maintenant le *dia-*

glauceum, dû peut-être au médecin Glaucus. Galien décrit, t. XII, p. 743, sous la rubrique suivante : ἐπιχρίσματα πρὸς περιωδυνιὰς οἷς ἐχρήσατο Γλαῦκος, c'est-à-dire onguent pour les douleurs dont se servait Glaucus, une sorte de collyre. Dans la composition de cet onguent entrait en parties égales de l'aloès, du lycium de l'Inde, des roses non encore épanouies, du safran, de l'opium, de la myrrhe, le tout macéré dans du vin, puis réduit en pâte et séché à l'ombre. On en frottait les yeux, le front et les tempes. Dans la table qu'il a dressée de tous les remèdes indiqués par Galien, Küne le désigne de cette manière : *Glaucii illitiones ad oculorum dolores.* Est-ce la même chose que notre *diaglauceum ?*

Reste à expliquer maintenant le *dicentitum ;* il n'en est fait mention nulle part; mais comme *di* paraît être formé du grec δὶς, deux fois, et de κεντητὸν, participe de κεντέω qui signifie piqué, pointillé, nous pensons qu'il doit être question ici d'un collyre très astringent et causant une vive douleur à ceux qui l'employaient.

Comme sur ce cachet on ne trouve qu'un seul nom d'oculiste, celui d'Hirpidus (nous ne parlons pas du *diagloceum,* qui est un nom de remède proprement dit), il nous semble que nous pouvons encore apporter cette pièce à l'appui d'une thèse que nous avons soutenue plus haut, à savoir que les noms observés sur cette sorte de monuments sont ceux des inventeurs des collyres mentionnés, et non des gens qui les débitaient.

En résumé, les cinq pierres sigillaires que nous venons de faire connaître n'ont pas seulement le mérite d'être inédites, elles fournissent encore des faits intéressants à la science; elles nous donnent :

I. Le nom de cinq médecins nouveaux : Titus Caius Philumenus, peut-être le même que le Philomenus qui vivait sous Trajan; Publius Fuleius Cotta, que nous n'avons rencontré cité nulle part; Paulenus, nommé par Galien; Lucius Varus Heliodorus, sans doute ce célèbre chirurgien à la science duquel Nonnius a souvent eu recours et dont Juvénal a stigmatisé l'industrie; et enfin Hirpidus, dont aucun auteur n'a parlé.

II. Elles nous prouvent qu'il faut désormais lire *authemerum* et non *anthemerum* sur les cachets des oculistes, et nous permettent de corriger un barbarisme que le nouvel éditeur de Forcellini avait emprunté à Tôchon.

III. Elles nous fournissent de nouvelles lumières sur la manière dont on employait l'authemerum, le diamisyus, l'évodes et le dialepidos, ou plutôt nous en indiquent des espèces inconnues.

IV. Elles nous révèlent le nom de quatre remèdes non indiqués : le *polytimum*, l'*acharistum*, le *diaglauceum* et le *dicentetum*.

V. Elles nous prouvent enfin que ces sortes de monuments étaient gravés par des ouvriers qui ne dédaignaient pas de signer leurs œuvres, comme les potiers, les verriers, etc.

CHAPITRE III.

PIERRES SIGILLAIRES INCONNUES A M. TOCHON D'ANNECI.

Ainsi que nous l'avons annoncé en commençant, nous terminerons ce mémoire en transcrivant tous les cachets d'oculistes connus qui ne se
trouvent point dans l'ouvrage de Tôchon ; notre
but, on le sait, est de faire ainsi une sorte de
supplément à cet excellent livre. D'ailleurs, il y
a bien encore quelques-uns de ces petits monuments sur lesquels nous aurons quelques observations à présenter.

Lapis Baiocassencis.

I

M. A. C. DIAGE

II

DIC.

III

M. A. C. ISOCRY.

VI

DIA

(Rever, t. Ier des *Mémoires de la Société des antiquaires de Normandie*, p. 484. Id., *Appendice au Mémoire sur Lillebonne* p. 40. Eloi Johanneau, dans les *Mélanges d'archéologie* de M. Bottin, p. 110.)

Pour l'explication de ce cachet, il faut bien se rappeler que les tranches des pierres sigillaires étaient destinées à être empreintes, et que par conséquent il y a là quatre inscriptions bien distinctes: deux avec un nom de médecin et deux simplement avec un nom de médicament. M. Johanneau a déjà reconnu que DIA n'avait aucun rapport avec ISOCY. Il faut en dire autant de DIC et de DIAGE. Si l'on nous objectait que *dia* et *dic* ne présentent aucun sens pris isolément, nous répondrions en citant les deux pierres de Nimègue où l'on lit: *M. Ulpi Heracletis thalasserosa* et *Marci Ulpi Heracletis diarices ad.* La négligence du graveur ou le manque de place (le cachet de Bayeux est le plus petit connu) expliquent suffisamment ces omissions. Enfin, comment aurait-on pu faire pour imprimer quelque part une légende aussi bizarrement disposée ?

Lapis Carbecci — Grestentis

1

T. L. FRONIMI

ISOTHEON AD

II

T. LOLLI. FRONIMI
LENE PENICILLVM.

(Rever, *Appendice* au *Mémoire sur les antiquités de Lillebonne*, p. 45. Eloi Johanneau, *Mémoire* déjà cité, p. 113.)

Cette pierre a été trouvée en 1813 dans la commune de Carbec-Grestain ; c'est par erreur que M. Johanneau l'appelle *pierre de Vieux*. Le mot AD qui termine la première légende vient encore à l'appui de ce que nous disions tout à l'heure à propos du cachet de Bayeux.

Lapis Viducassensis.

I

SMARTN. ABLAPT
THALASSEROS

II

S. MART. ABLAPTI
SMECTICVM

III

S. MART. ABLAPT
CROCODES

IV

DIARHODON

Sur le plat de cette pierre, on voit d'un côté
un cheval marin devant lequel se trouvent les
lettres LIV ; de l'autre un vase à deux anses sur la
panse duquel on a représenté trois yeux, et dans
le goulot du vase les lettres GA. Ces mêmes lettres
augmentées d'un I sont répétées au-dessus GAI.;
plus haut encore les sigles S. S'., et sur un des côtés
le sigle r.

Nous avons dit autre part ce que nous pensons du
vase ; quant au cheval marin, il nous semble , par
une allusion très fréquente dans l'antiquité , se
rapporter à une des inscriptions gravées sur les
tranches, celle où il est question du collyre *thalasseros.* Thalasseros, comme le prétend M. Rever,
veut dire couleur vert de mer, ou tout au moins
collyre composé avec des matières sorties de la
mer, θάλασσος. Quoi qu'il en soit, le cheval marin
habitant la mer n'est-il pas l'emblème, et ne dési-
gne-t-il pas d'une manière figurative notre collyre?
Selon le même auteur, sur un cachet d'oculiste,
celui de Saint-Marcouf, publié par Caylus, où il est
question du CROCODILEOS, on voit un crocodile; et
p. 228, t. Ier du *Recueil d'antiquités,* nous lisons
que sur une pierre sigillaire « on voit la représen-
« tation de certaines plantes ou parties d'animaux
« qui pourraient bien être celles qui entraient

« dans la composition des remèdes. » En voilà bien assez pour justifier notre hypothèse. Nous le pensons du moins.

Lapis Brocomagensis

I

GAI. CAEC. NOBI

STACTVM OPOBAP [1]

II

CATODIALBVM. L

ENE. M. AD. IMP. LP.

III

CATODI DIAL

EPIDS. CROC.

(Stéatite jaunâtre. Eloi Johanneau dans les *Mélanges d'archéologie*, p. 115.)

Lapis Bellovacensis

I

Se. Po. Caleni. *Dialepidos ad veteres cicatrices*

II

Se. Po. Caleni. *Amie Staetum. Opobals. ad. C.*

______

(1) Il faut lire OPOBAL. (*Opobalsamum* vel *opobalsamatum*.)

III

. . . . isum ad veteres cicatrices.

IV

. . . . . rnes ad sedatus lip.

(Trouvée à Beauvais en 1767.— Grivaud de la
Vincelle, t. II, p. 287.) Nous copions en lettres
italiques les inscriptions trouvées sur ce cachet,
parce que l'auteur a négligé de nous en donner le
fac-simile.

M. Tôchon lit ainsi la seconde inscription.

*Secundi Pollionis Caleni Amellinum stactum
opobalsamatum ad cicatrices.* Ce serait, dit-il, un
baume distillé de fleurs de camomille, *Amella;*
mais nous ferons observer qu'il y a dans le texte
non pas *Ame*, mais bien *Amie*. Pline, l. IX, ch. xv,
§ 19, parle d'un poisson du genre des pélamides
nommé *Amia*; ne serait-il pas plutôt question ici
d'un baume composé avec la chair ou le fiel de ce
poisson ? On sait que le fiel d'oiseaux, d'animaux
et de poissons était souvent employé dans la composition des collyres. Nous proposerons donc de
remplacer la lecture de M. Grivaud de la Vincelle
par celle-ci : *Secundi Pollionis Amiensis stactum
opobalsamum ad cicatrices.*

Lapis Fanomartensis

. IB. CLAVDI MESSORIS PENI

CILLVM

II

TIB. CLAVDI MESSORIS

. . . ETONOROB AD CALIGI

III et IV

(restés vides.)

Sur le plat de la pierre les lettres TI. auprès de la première légende MD en sens opposé au milieu x dans un angle.

(*Mémoires de la Société des Antiquaires de France*, t. II, p. 459.)

Quoique ce cachet fût publié dans le recueil auquel nous destinons notre mémoire, nous avons cru cependant devoir le reproduire, afin de saisir l'occasion d'expliquer la seconde légende que M. Bottin, possesseur de ce monument, ne paraît pas avoir bien comprise. Selon M. Bottin, les lettres . . . ETON de la seconde ligne sont la fin du mot *Emmeton*, pour *Emmoton*, ce qui, d'après Stephanus Blancardi [1], est le nom d'une liqueur

(1) Steph. Blancardi *Lexicon medicum*.

visqueuse que l'on étendait sur les *penicellum*. En cela cet auteur nous semble avoir parfaitement raison, mais il tombe certainement dans l'erreur lorsque, sans doute croyant voir une faute dans l'inscription, il y lit *Emmetono* pour *Emmotono*. Certes il a existé dans l'antiquité un remède nommé *Emmoton* et Galien le cite trois fois [1]. Mais on ne trouve nulle part que, pour synonyme de ce mot, on se soit servi de la locution *Emmotono*. Et puis, dans tous les cas, que deviendrait la syllabe *rob* dont M. Bottin ne fait nulle mention? Le plus sage est donc de renoncer à cette explication et d'en chercher une autre. Tous les noms de collyres, à quelques rares exceptions près, sont tirés du grec; les lettres ETONOROB composent donc un ou plusieurs mots dont l'étymologie doit se trouver dans cette langue; or, il existe une plante qui s'appelle en grec Οροϐος [2], en latin *Orobus*, et en français *Orobe*. En admettant, ce qui est fort probable, que les quatre premières lettres aient été bien interprétées et qu'il faille voir là *Emmeton*, nous aurons un sens complet et très raisonnable, si l'on veut croire qu'il soit question de l'Orobe, *Emmeton Orobi*. Ce qui vient à l'appui de notre conjecture, c'est que l'Orobe, qui appartient à la classe des plantes légumineuses [3] et dont

(1) Galien, t. XI, p. 504; XIII, 484; XIV, 280.

(2) *Voyez* les Dictionnaires de Planche et de MM. Pillon, et Alexandre.

(3) *Dictionnaire des sciences naturelles.*

on connaît cinq espèces, était dans l'antiquité fort
employée en médecine. Galien, qui la distingue
sous le nom d'*Ervum*, la mentionne très souvent[1], et nous ferons remarquer qu'une autre
plante appelée également Erve porte aussi la dénomination de *faux Orobe* ou *Orobe des her-
boristes*[2]. Il n'y a donc rien d'étonnant que
'Messor ait composé un *Emmeton d'Orobe*.

A propos de la pierre de Bavai, M. Bottin a
encore avancé quelques faits peu importants, il
est vrai, mais qui méritent d'être contrôlés. Il a
prétendu que le *Palladium* était la même chose
que le Léontopodium qu'il dit « *paraître sur
« d'autres inscriptions d'oculistes au lieu de* **Pal-
« *ladium***. Quelquefois aussi, ajoute-t-il, une
« figure emblématique accompagne l'inscription ; »
et on lui a parlé « d'une pierre sigillaire décou-
« verte à Saint-Marcouf, sur laquelle se trouve la
« figure d'un lion à côté de l'annonce d'un remède
« tiré du Léontopodium. » Ce que nous pouvons
affirmer, c'est que sur aucun des cachets publiés
jusqu'ici et à nous connus le Léontopodium
n'est mentionné, et que si sur la pierre de Saint-
Marcouf il se trouve réellement une tête-de lion,
ce signe ne peut avoir aucun rapport avec cette
plante ; car, quoi qu'il en dise, aucun des remèdes
qu'elle annonce n'a avec lui la moindre analogie.

(1) Galien, t. XII, p. 91 ; XV, 583 ; t. VI, 731, etc., etc.
(2) *Dictionnaire des sciences médicales.*

Lapis Cessiacencis

I

C. CL. PRIMI. DIASMVRNES

POST. IMPET LAPPITVDI.

II

C. CL. PRIMI. TERENTIANV

CROC ADASPRIT. ET. CJ

III

. . L. PRIMI TVRINVM

. . SVPPVRAT. OCVLOR

IV

C. IVL. LIBYCI. DIAC. IO

. . IES AD SVPPVRAT ETVETE $^{CCI}_{IAR}$

(M. Fevret de Saint-Mesmin, *Mémoires de la commission archéologique de la Côte-d'Or*, t. Ier, p. 375, pl. f. I.)

M. de Saint-Mesmin, p. 378, explique de la manière suivante l'inscription n° IV.

Caii Julii Libyci diacrocus Jodes ad suppurationem et veteres callas cicatrices, inveteratas affectiones resolvendas. Diacrocus Jodes signifie, selon lui, un remède composé avec du safran violet. Mais il ne peut y avoir sur la pierre *Jodes;* nous n'y voyons, et cela bien distinctement, que le dernier jambage d'un N, ce qui fait *Jones. Jiones* signifie violette; si *diac* veut dire *diacrocos,* ce n'était donc pas avec du safran violet, mais avec du safran et de la violette, que se composait ce collyre.

L'explication des lettres $^{CCI}_{IAR}$ par *callas cicatrices affectiones resolvendas* nous semble également trop compliquée pour être vraie ; nous proposerons à la place : CICATRI *cicatrices , et veteres cicatrices,* comme on trouve sur la pierre de Bavai, où le mot CICA est également abrégé et composé de lettres enchevêtrées les unes dans les autres. L'A et l'R du bas , étant liés ensemble, peuvent bien former un sigle composé des lettres ATR.

Lapis Selongiacensis

I

M. MES. ORGILI. TH

VRINVM. EX OVO

II

M. MESSII. ORGILI. VSO

CHRISVM AD CLAR.

I I I

M . MES. OR GILI. LEN.

HYGIA. AD IMPLIP.

(Mémoire de M. de Saint-Mesmin, p. 279.)

M. de Saint-Mesmin explique LEN HYGIA par *Douce santé*. Nous croyons qu'il faut plutôt y reconnaître le nom d'un collyre. En effet Galien parle, t. XII, p. 788, d'un collyre composé par un certain Hygienus, *Hygieni Collyrum*, dans la composition duquel il entrait de l'or, et qui était employé *ad corosos angulos et scabeos affectus*. Enfin le même auteur, t. XII', p. 71, parle d'un autre collyre nommé *Hygedion*. Ainsi *Hygia* était un médicament de même nature.

Lapis Lugdunensis II

I

L. CAEMI PA^TERN· STAC

TON AD C   SC ET CL

II

L. CAEMI. PATERNICRO

COD. AD ASPRITVDIN.

III

L. CAEMI. PATERNIAVTHE

MER. LEN. EX. O. ACR. EXAQ.

IV

I,

L. CAEMI. PATERN. CHE

LID. AD: GENAR. CICA

Les parties supérieures des tranches de cette
pierre sont taillées en biseau, et l'on y a gravé l'initiale des noms de chaque collyre correspondant à
chaque tranche, mais de gauche à droite. I. ST.
II. CR. III. AV. IV. CH.

(*Voyez* Grivaud de la Vincelle, pl. XXXVI, n° 2,
id., p. 286, t. II.)

M. Grivaud lit ainsi la première legende :

LUCii CAEMI. PATERNI STAC

TON AD. *caligenem* scabritium ETCL *aritudinem*

Selon nous, il vaudrait beaucoup mieux l'interpréter de la facon suivante :

L. *ucii* CAEMI. PATERNI. STAC

TON. AD *cenas* sciscas ET CL*aritatem*

En effet, on ne comprend pas pourquoi il y
aurait un si grand intervalle entre c. et sc. de la
seconde ligne; d'ailleurs sur la 7ᵉ pierre de Naix
nous trouvons la légende suivante : *Lucii Junii
Philini Diapsoricum ad Genas sciscas et Claritatem.* Si le *Stactum* est différent du *Diapsoricum,* il n'en est pas moins certain, d'après ces
pierres, que tous deux étaient employés *ad clarita-*

tem, et que, de plus, il y a grande analogie dans la fin des deux légendes.

ADC.... SC ETCL

AD GEN SCISETCL.

Lapis Ingvillarensis.

I

L. SEXTI. MARCIANI DIAMYSVS AD
VETERES CICATRICES COMPL

II

L. SEXTI. MARCIANI TALAS
EROS DELACRYMATORI

III

L. SEXTI. MARCIANI. DIALEPIDOS
AD ASPRITVDINEM. TOLE

IV

L. SEXTI. MARCIANI DIASMVR
NES. POST. IMPETVM. LIPPI.

(Stéatite verdâtre tirant sur le noir conservée à la bibliothèque publique de Strasbourg, musée Schepflin.—Eloi Johanneau, *Mélanges d'archéologie,* p. 117.)

Lapis Gothinsis.

I

T. CL. APOLLINARIS DIALEPIDOS AD CLARI

II

Q. CARMIN. QVINTIAN. STAC. AD. OMN. CLARITA

(*Magasin encyclopédique*, année 1809, t. Ier,
p. 102. — Mémoire de M. de St-Mesmin, p. 388.)

Lapis Aleriensis.

REGINI. DISMYRNES POST

LIPPITVDINES EX OVO PRIMVM

Sur le plat les lettres c. s. de gauche à droite,
(*Magasinencyclopédique*, année 1809, t. II, p. 105.
— Mémoire de M. de St-Mesmin, p. 388.)

Lapis Bathoniensis.

I

T. IVNIANI THALASSER

AD. CLARITATEM

II

T. IVNIANI. HOFSVMADρV

ECVMODELICTA A MEDICIS

III

T. IVNIANI. DLJΛVM

AD VETERES CICATRICES

IV

T. IVNIANI CRSOMAEL
IN M AD CLARITATEM

Lapis incertus I.

I

M. IVI. SATYRI DIASMI
. . ES. POST IMPET LIPPIT.

II

M. IVL. SATYRI PENI
CIL. LENEEX OVO

III

M IVL. SATYRI. DIA
LEPIDOS AD ASPR.

IV

M. IVL. SATRYI. DIALI
BANV. AD. SVPPVRAT.

Lapis incertus II.

I

L. IVLI VENISD
OBALSAMATV.

II

...ASMYRNESBIS

...PETVM EX OVO.

III

ESECVNDI

ATALBAS.

Ces trois pierres ont été publiées par M. Richard Gough dans le tome IX de l'*Archeologia* (Londres, 1789, p. 227 à 242). Cependant elles sont restées inconnues à MM. Tôchon, Grevaud, Rever, et à tous ceux qui ont traité des cachets d'oculistes en général.

La pierre de Bath a été trouvée à Bath même, dans une cave de l'ancienne abbaye qu'on découvrit en 1731 en fouillant dans une cour. En 1757, M. Mitchell la communiqua à la Société des antiquaires de Londres, qui, pas plus que M. Gough, n'ont cherché à l'expliquer. Nous ne serons pas plus téméraires que ces savants; mais nous nous en prendrons à eux, car il est impossible de donner une copie plus fautive et plus inintelligente.

M. Gough a vu en original les deux autres pierres, et grâce à son dessin nous pouvons en donner une copie probablement exacte.

La première appartenait, en 1767, à M. Forster. Le nom de *M. Julius Satyrus*, qu'elle porte, est nouveau; faut-il y reconnaître le Satyrus maître de Galien, commentateur d'Hippocrate et auteur d'autres ouvrages sur la médecine? Tous les remèdes indiqués sur le cachet de M. Forster sont déjà connus, mais on y remarque pourtant quelques particularités nouvelles. Ainsi, sur la seconde tranche, on lit PENICIL*lum* LENE EX OVO. Le texte d'Achilleus, cité plus haut à propos de la troisième pierre de Paris, *penicillum ex mulso impositum,* l'explique. Satyrus avait donc préparé un *penicillum* enduit de blanc d'œuf. Le mot *authemerum ex ovo* doit probablement encore être interprété de la même manière.

La dernière pierre a été, pour la première fois, publiée dans le *Gentleman's Magazine*, octobre 1778, vol. XLVIII, p. 472, par M. Francis Dowse, membre de la Société des antiquaires de Londres. Elle porte deux noms d'oculistes, et un des trois côtés ne mentionne qu'un nom de collyre. Il est à remarquer encore que les légendes *Secundi atalbas* ont été gravées au couteau et sans soin. *Atalbas* est un mot qui n'est ni grec ni latin et dont nous n'avons pu trouver la signification.

Lapis San-Carannensis.

MCCELSINI

DIAMISVSAVC·C

Voici encore une pierre sigillaire inédite qui nous arrive assez à temps pour grossir notre recueil. Nous devons cette nouvelle bonne fortune à l'amitié de M. de Longpérier. Qu'il nous permette de lui en témoigner tous nos remercîments, et hâtons-nous d'en profiter. Ce cachet, en stéatite comme tous les autres, a été trouvé en 1825 dans une pièce de terre appartenant à M. Buchère, située sur la commune de Saint-Cheron (Seine-et-Oise), près le hameau de Saint-Evroult, au milieu des décombres d'une ancienne habitation romaine bâtie le long d'un chemin qui conserve encore le nom de *Chaussée de Houdan*. Ce nouveau cachet est carré, ne porte qu'une seule inscription, et est remarquable, en outre, parce que le côté opposé à l'inscription se trouve tout à fait taillé en biseau d'un côté. Les lettres qui y sont gravées sont contenues entre trois lignes et doivent se lire de la manière suivante :

MARCI CAII CELSINI

DIAMISVS AD VETERES CICATRICES

Nous avons déjà parlé, pages 202 et 203, du remède qui y est indiqué, le *diamysus*, et nous l'avons signalé comme étant cité sur quatre pierres, outre la quatrième pierre de Paris, à propos de laquelle il en a été question. Trois de ces pierres, celles de Lillebonne, de Vérone et d'Ingweiler, portent, comme le cachet de Saint-Cheron, *diamysus ad veteres cicatrices*. Ce dernier ne nous apprend donc rien de nouveau. Quant à l'histoire des collyres antiques, le médecin Marcus Caius

Celsinus n'est cité nulle part. La plus grande importance de ce monument est donc de porter à cinquante-un le nombre des cachets d'oculistes qui ont été décrits. Pour ne rien négliger, nous dirons qu'il en existe un autre à Autun dont nous n'avons pu nous procurer la copie, et qu'on en conserve également deux ou trois autres au Musée de Douai; ils nous sont également inconnus.

APPENDICE.

Le mémoire qu'on vient de lire était déjà remis à l'imprimeur lorsque notre collègue , M. de Longpérier, me communiqua la copie d'une nouvelle pierre sigillaire trouvée à Entrains (département de la Nièvre , arrondissement de Clameci). Il m'apprit en même temps que M. Sichel s'occupait d'un travail analogue au mien , et que ce travail devait paraître incessamment. J'avais déjà cherché à expliquer le cachet d'Entrains, lorsqu'en effet M. Sichel eut l'obligeance de venir me porter son ouvrage, que je me plais à citer comme un des meilleurs qui aient paru sur cette matière. Son mémoire contenait la description de ce nouveau cachet dont il devait la connaissance également à M. Longpérier. J'ai donc dû en supprimer l'explication que j'avais déjà commencé à rédiger; je ne pouvais mieux faire que de suivre en tout point un homme dont l'érudition médicale est si justement appréciée. Fidèle à la méthode que j'ai suivie jusqu'ici, je vais transcrire le cachet d'Entrains, en renvoyant les lecteurs aux explications dont ce savant a accompagné sa copie :

Lapis Interamnensis.

I.

L. TERENT PATERNI

DIATESSERIM

II

L. TEREN PAERNI

MELINVM

III

L. TEREN PATERNI

DIALIPIIƆVM.

IV

L. TEREN PATERNI

DIASMYRNEN.

A l'exception du *diatesserim*, tous ces remèdes étaient connus par d'autres pierres; car, comme l'a bien fait remarquer
M. Sichel, DIALIPIIƆVM doit se lire *dialipidum* pour *dialepi-
dum*. (On a déjà vu, sur la troisième pierre de Paris, *leni
peniclum* pour *lene penicillum*, et *diasmyrnen* pour *diasmyrum*,
ou mieux *diasmyrneum*.) Ce qui me détermine à adopter cette
dernière leçon, c'est que sur nos cachets le *diasmyrnum*, qui
est ordinairement indiqué par les lettres DIASMYRN, à l'exception de la sixième pierre de Naix, où l'on lit DIASMYRES, est
orthographié, sur le premier cachet de Lyon, DIASMYRNE ; ce
qu'on ne peut compléter que par *diasmyrnes*, ou mieux
diasmyrneum.

Il en est autrement du *diatesserim* : je crois, avec M. Sichel,
qu'il s'agit du *diatessaron*, c'est-à-dire d'un remède composé
de quatre ingrédients. D'après Paul d'Egine et Sextus Empiricus, M. Sichel cite trois sortes de *diatessaron*, toutes trois
entièrement différentes les unes des autres. Mais ce n'était
pas des collyres, c'était des remèdes qu'on prenait à l'intérieur : ce savant a dit avec raison que le *diatessaron* dont il
est question ici ne leur ressemblait en rien. Plus heureux, je
crois avoir trouvé ce *diatessaron* ; c'est, selon moi, celui qui est
cité par Galien (t. XIII, p. 851 de l'édition de Küne). Le
diatessaron de Galien, en effet, est un collyre dans la composition duquel il n'entrait que des matières anorganiques et
minérales, la pierre misy, le calcitides, le diphrygis et le

chalcantum. Galien le cite presque immédiatement après le *Melinum de Lucius. Diatessaron* était donc un nom générique appliqué par les anciens à tout remède, quelle que soit sa nature, pourvu qu'il fût composé de quatre ingrédients différents [1]. Qu'on me permette de faire une conjecture à propos de l'explication de ce nombre *quatre.* Quatre, on le sait, est un nombre prédestiné, ainsi que le nombre trois; la médecine antique, comme celle du moyen-âge, avait une grande confiance dans la vertu des nombres; maintenant encore, n'avons-nous pas notre *vinaigre des quatre voleurs?* et ne nous sert-on pas sur nos tables un assortiment de fruits secs nommés *quatre mendiants?* Ou je me trompe fort, ou une idée analogue devait être attachée par les Romains et les Grecs au *diatesserim.* Cette idée paraîtra-t-elle absurde à ceux qui ont lu dans Tôchon la singulière manière de traiter les malades qu'il a traduits d'un médecin de l'antiquité?

Le nom de *Lucius Terentius Paternus* est nouveau; nous avions déjà un *Lucius Caemus,* ou *Caemius Paternus,* connu par la deuxième pierre de Lyon. Sur une inscription dont il n'a pu faire usage dans son mémoire, M. Sichel a trouvé un gallo-romain dont la profession n'est pas indiquée, et qui portait un nom analogue, *Marcus Terentius Paternus,* originaire d'Æsona, dans l'Espagne citérieure. Voici cette inscription citée par Muratori, t. III, p. MXXI, n° I.

D. M.

M. TERENTII. PATER

NI. EX. H. R. CITERIORE

AESONIENSI. AN. XVIII

LICINIVS. POLYTIMVS

LIBERT. EDVCATOR

(Musée Albani.)

(1) Küne, dans la traduction latine dont il a accompagné le texte de

Cette inscription offre encore un autre intérêt ; on y lit aux deux dernières lignes : LICINIVS. POLYTIMVS. LIBERT EDVCATOR ; et l'on se rappelle que, sur le troisième cachet de Lyon, une inscription porte : HIRPIDI POLYTIM [1]. Comme moi, M. Sichel avait expliqué le mot *polytim* par *polytimeton ;* dans une note manuscrite qu'il a bien voulu me communiquer, il ajoute : « L'inscription M.XXI, 1 de Muratori offre « le nom d'un affranchi, *Licinius Polytimus*, ce qui me rend as- « sez probable actuellement que le nom de l'oculiste était Hir- « pidius Polytimus, et qu'on imprimait la troisième inscription « sur les vases à collyre avec chacun des autres. » Quelque probable que soit cette explication, je n'ose pourtant l'adopter. Puisque les anciens, comme le dit ce savant, avaient un *atimeton,* pourquoi n'auraient-ils pas aussi bien pu connaître un *polytimeton ?* Et puis la stéatite n'était pas une matière si précieuse pour que l'on allât à l'économie en doublant ainsi l'ouvrage du potier, en risquant que, par négligence, la netteté de

---

Galien, s'exprime ainsi : « *Diatessaron id est quod de quatuor constat.* Voici la formule de Galien : τὸ διὰ των δ' χαλκιτεος ὀπτὴς ◁ δ'μισυοσεπτὴς ◁ δ'διφρυγοῦς ◁ δ'χαλκαντις οπτης ◁ δ'χρῶ.

(1) La seule difficulté qui se présente dans l'inscription du Musée Albani porte sur les sigles EX. H. R., que Muratori explique avec raison par EX. *Hispania Regione,* etc. Cette explication se trouve confirmée par une autre inscription citée par Cellarius, d'après Spon, p. 149. La voici :

IESSONIA. CN. F.

PROCVLA.

EX HISPANIA CITERIORE

IESSONIENSIS. ANN

XXIII. H. S. E.

TVLIVS. NATALISVXORI

OPTIMAE DE SEMERENTE

Le R initiale de *Regione* se trouve ici sous-entendu.

l'inscription fût altérée. Enfin nous ne trouvons rien d'analogue sur les pierres sigillaires déjà connues. Jusqu'à nouvel
ordre donc nous regarderons l'inscription *polytim* comme
indication d'un remède. La seule concession que nous puis-
sions faire à M. Sichel, et celle-là nous la lui ferons de grand
cœur parce que l'inscription de Muratori semble nous y au
toriser, c'est que le *polytimeton* avait été inventé par un certain *Polytimus* et perfectionné par Herpidus. L'exemple du
Terentianum, cité sur la pierre de Cessi-sur-Tille, peut
servir d'argumentation en faveur de cette explication.

Le numérotage des cachets étant tout à fait arbitraire, il
s'est trouvé que M. Sichel en avait adopté un différent du
mien; ainsi il appelle *lapis Parisiensis quartus* la pierre de
Paris à laquelle je donne le troisième numéro d'ordre; et ré-
ciproquement, *lapis Parisiensis tercius*, le cachet que j'appelle
quartus. Quoique cette circonstance soit en définitive d'une
importance assez minime, j'ai cru devoir en avertir les lecteurs. Voici maintenant une autre circonstance qu'il est bon de
signaler : M. Sichel appelle *lapis Parisiensis quintus* le cachet
que j'ai désigné sous le nom de *lapis Thauriacensis*; comme la
dernière ligne en est infidèlement reproduite dans son mémoire,
on pourrait peut-être regarder ces deux petits monuments
comme différents les uns des autres. Il n'en est rien cependant :
cette pierre a été, ainsi que je l'ai dit, trouvée à Thouri, en
Sologne; j'en dois la connaissance à l'amitié de M. de la Saussaye; M. Daremberg, qui l'a communiquée à M. Sichel, en lui
permettant de faire des démarches afin de savoir à qui elle appartenait, aurait pu les lui épargner s'il s'était souvenu qu'une
transcription lui en avait été communiquée de mémoire, il y
a trois ou quatre mois au plus [1], par M. Maury qui, en sa

___

(1) Je regrette, pour ma part, que **M.** Daremberg nous ait privés, **M.** de
la Saussaye et moi, du plaisir que nous aurions eu à communiquer cette
pierre à **M.** Sichel. C'est seulement en la transcrivant sous les yeux de ce
dernier que nous nous sommes aperçus qu'il la connaissait déjà.

qualité de membre de la commission d'impression, avait ma dissertation entre les mains.

Il serait curieux de pouvoir dire si le cognomen de *Paternus*, porté par deux Terentius, dont l'un était oculiste, et un Cœmus, oculiste également, appartenait principalement à des médecins; mais il serait imprudent de s'aventurer dans ces conjectures. *Lucius* étant l'agnomen de notre médecin, et non son nomen, il serait tout aussi imprudent de lui attribuer l'invention du *melinum Lucii* cité par Galien (éd. Küne, t. XIII, p. 8); mais ce sera avec plus de hardiesse que je proposerai de rapprocher *Lucius Terentius Paternus* du médecin *Terentius* cité par le même auteur (*id.*, t. XIII, p. 82) et de celui qui a composé le collyre *Terentianum*.

Revenons au livre de M. Sichel. Il porte pour titre : *Cinq cachets inédits de médecins oculistes romains, publiés et expliqués par le docteur Sichel;* Paris, 1845. Quatre de ces cinq cachets, savoir les deux pierres de Paris, la troisième pierre de Lyon et celle de Thouri sont ceux précisément sur lesquels je me suis exercé. Qu'il me soit permis de dire avec orgueil que je me suis souvent rencontré avec lui dans mes interprétations. Les siennes sont souvent plus complètes sous le rapport médical; j'y renvoie le lecteur, et adopte toutes ses explications en tant qu'elles ne contredisent pas formellement les miennes ; nos deux mémoires pourront se suppléer ainsi l'un l'autre : lorsqu'on y trouvera quelques contradictions, je me soumets d'avance au jugement qu'on portera sur nos deux avis.